모든 순간의
물리학

Sette brevi lezioni di fisica

우리는 누구인가라는 물음에 대한 물리학의 대답

모든 순간의 물리학

Seven Brief Lessons on Physics

카를로 로벨리 지음

김현주 옮김 | 이중원 감수

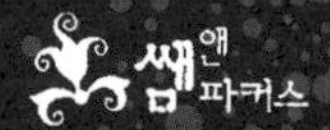

모든 순간의 물리학

2016년 2월 26일 초판 1쇄 | 2024년 9월 10일 34쇄 발행

지은이 카를로 로벨리 **옮긴이** 김현주 **감수** 이중원
펴낸이 이원주, 최세현 **경영고문** 박시형

기획개발실 강소라, 김유경, 강동욱, 박인애, 류지혜, 이채은, 조아라, 최연서, 고정용, 박현조
마케팅실 양근모, 권금숙, 양봉호, 이도경 **온라인홍보팀** 신하은, 현나래, 최혜빈
디자인실 진미나, 윤민지, 정은예 **디지털콘텐츠팀** 최은정 **해외기획팀** 우정민, 배혜림
경영지원실 홍성택, 강신우, 김현우, 이윤재 **제작팀** 이진영
펴낸곳 (주)쌤앤파커스 **출판신고** 2006년 9월 25일 제406-2006-000210호
주소 서울시 마포구 월드컵북로 396 누리꿈스퀘어 비즈니스타워 18층
전화 02-6712-9800 **팩스** 02-6712-9810 **이메일** info@smpk.kr

ISBN 978-89-6570-311-2 (03400)

추천의 글

우리가 살고 있는 '낯선 세상'에 관한 이야기

김대식(KAIST 전자과 교수)

얼마 전 친한 친구가 어린 고양이를 키우기 시작했다. 어둡고 좁은 박스가 답답했던 걸까? 집에 도착하자마자 박스에서 탈출하려 몸부림친다. 종이 박스 틈새를 뚫고 머리를 내민 고양이 눈에 보이는 새로운 장면들. 작은 다리와 큰 눈을 가진 새끼 고양이는 이제 막 우주라는 새로운 세상을 탐험하기 시작한다.

동의한 적도, 계약서에 사인한 적도 없이 태어나는 곳. 바로 지금 이 순간 우리가 살고 있는 '세상'이라는 낯선 곳이다. 나와 조금만 다르게 생겨도 서로가 서로를 차별하고, 나와 다른 신을 믿는다는 이유로 서로를 죽이려 하는 세상. 태어나기 전 누군가 귀띔만 해주었다면 우리 모두 강력하게 거부했을 것이다. 괜찮습니다라고. 굳이 태어나고 싶지 않습니다. 어차피 우연과 행운에 따라 정해지는 운명. 확률적으로 재벌 2세보다는 언젠가 구조조정 당해 치킨집을 열어야 하는 미래. 알렉산더 대왕도, 나폴레옹도 아닌, 숨 멈추고 몇 년 후면 나라는 자아가 존재했었다는 사실조차도 기억하지 못할 평범한 인생. 태어나지 않아도 괜찮습니다.

물론 우리는 모두 태어났다. 그리고 놀랐다. 아무 준비도 없이 태어났기에, 모든 것이 새롭고 신기하다. 세상이란 무엇일까? 우리는 어디에서 왔을까? 그리고 어디로 가는 것일까? 인간이라면 모두 한 번쯤은 던져본 질문들. 하지만 우리의 호기심은 점차 사라져버린다. 신기한 것이 당연해지고 낯설던 곳이 익숙해진다. 나이 먹은 고양이는 하루 종일 구석에 웅크려 자고, 어른이 된 우리는 하루 종일 구석에 웅크려 컴퓨터와 휴대폰 화면을 들여다본다. 세상이 더 이상 궁금하지 않기에 "나를 좀 즐겁게 해주세요!"라며 울부짖는 우리. 신비와 경외심이 아닌 짜증과 지루함으로 가득한 세상. 우리는 언제부터 이렇게 한심하고 재미없는 사람들이 되어버린 것일까?

이탈리아 출신 물리학자인 카를로 로벨리. 세계 최고의 이론 물리학자 중 한 명인 그는 동시에 고대 그리스 철학 전문가이기도 하다. 150장도 되지 않는 그의 신간《모든 순간의 물리학》. 황당할 정도로 짧은 그의 책은 우리에게 다시 신비함을 가르쳐준다. 우주는 왜 존재하는 걸까? 공간이란 무엇일까? 왜 우리는 과거는 기억하지만 미래는 기억할 수 없는 것일까? 양자역학, 공간 입자, 블랙홀 등 총 7개의 주제에 걸쳐 가장 최근에 소개된 참신한 아이디어들을 소개한다.

무한의 우주에 비교하면 무의미해지는 '나'라는 나약한 존재. 하지만 그 무한의 우주를 알아보고 생각할 수 있는 것은 바로 내가 존재하기 때문이다. 혼자 읽기에는 너무나도 아까운 책. 한 장을 넘기면 넘어간 그 한 장이 벌써 그리워지는 책. 대한민국이라는 현실에 지쳐 있는 모든 사람에게

권해보고 싶은 책. 서로를 기억하고 사랑해줄 수 있는 인간이 존재하기에 더 이상 차갑고 무의미하지만은 않은 우주. 이 우주에서 함께 사는 모든 이에게 로벨리의 책을 추천하고 싶다.

시작하며

이 책에 소개된 강의들은 현대 과학에 대해 아예 모르거나 아는 게 별로 없는 사람들을 위한 것입니다. 이 강의에서는 20세기 물리학에 불어닥친 거대한 혁명의 가장 두드러지고 매력적인 특징과, 이 혁명으로 포문을 열게 된 새로운 문제 그리고 그 신비를 간략히 살펴볼 것입니다. 이런 강의를 책자로 준비한 이유는 과학이 우리에게 이 세상을 조금 더 잘 이해하는 방법을 가르쳐주기도 하지만 우리가 아직 모르는 것들이 얼마나 광범위하게 많은지도 일러주기 때문입니다.

일단 첫 번째 강의에서는 수많은 과학 이론 중 '가장 아름다운 이론'인 알베르트 아인슈타인의 상대성이론을 집중적으로 살펴볼 것입니다. 두 번째 강의는 양자역학, 세 번째 강의는 우리가 사는 세상, 바로 이 우주의 구조에 관한 내용으로 구성되어 있습니다. 네 번째는 기초 입자, 다섯 번째는 20세기 위대한 발견들을 총괄하기 위해 박차를 가하고 있는 양자중력 연구에 관한 강의입니다. 여섯 번째 강의에서는 블랙홀의 발생 가능성과 열기에 관해 살펴보고, 이 책의 마지막 장에서는 마무리를 짓는 마음으로 우리 스스로를 돌아보면서 물리학이 설명하는 신기한 세상 속 우리 자신을 어떻게 생각해야 할지 살펴볼 것입니다.

본 강의들은 이탈리아 일간지 《솔레 24 오레(Sole 24 Ore)》의 부록 〈도메니카(Domenica)〉에 시리즈로 발표된 것입니다. 특별히, 과학계에 가톨릭 문화의 장을 열어 문화가 얼마나 통합적이고 생동감 있는지를 세상에 알린 아르만도 마사렌티(Armando Massarenti, 이탈리아의 철학자이자 인식론 학자, 1961~)에게 감사의 마음을 전합니다.

CONTENTS

일러두기

괄호( ) 안 설명은 모두 옮긴이가 붙인 것이다.

단, 감수자가 붙인 설명은 주석●으로 표시했다.

"역사의 흐름 속에서 놀랍게 도약해온 우리의 모든 지식 중에서 아인슈타인이 발전시킨 지식은 단연 특별합니다. 일단 어떻게 작용하는지를 알기만 하면 아인슈타인의 이론은 말도 못하게 간단합니다. 아인슈타인은 일상 속에서 탁해진 우리의 진부한 시선보다 훨씬 더 맑은 시선으로 현실을 바라봅니다. 이 현실 역시 꿈으로 만든 재료로 이루어진 것 같아 보이지만 우리가 일상적으로 꾸는 흐릿한 꿈보다는 훨씬 현실적입니다."

첫 번째 강의

세상에서 가장 아름다운 이론

소년 시절 알베르트 아인슈타인(Albert Einstein, 1879~1955)은 아무 생각 없이 멍한 상태로 빈둥거리며 지냈습니다. 사춘기 청소년들은 어디를 가든 쓸데없이 시간을 낭비하는 경우가 많은데, 안타깝게도 부모 대부분은 이 '낭비'의 소중함을 잘 모르지요. 아인슈타인은 어린 시절을 파비아(Pavia, 이탈리아 롬바르디아의 도시)에서 보냈습니다. 독일에서의 엄격한 고등학교 교육을 견디지 못해 학업을 포기하고 가족을 따라 이탈리아에 왔던 것이지요. 새로운 세기가 시작되던 그 시기, 이탈리아에서는 산업혁명이 시작되고 있었습니다. 엔지니어였던 아인슈타인의 아버지는 파다노 지역의 평원에서 최초의 전기 발전소를 설치하고 있었고, 아인슈타인은 이마누엘 칸트(Immanuel Kant, 1724~1804)의 책을 읽으며 파비아 대학에서 여전히 시간을 낭비하며 보냈습니다. 정식으로 강의를 등록하지도, 시험을 치르지도 않고 그저 재미 삼아 학교를 왔다 갔다 하기만 했습니다. 어쩌면 그런 방법이 진정한 과학자가 되는 길인지도 모르겠습니다.

아인슈타인은 취리히 대학에 입학하면서 본격적으로 물리학을 공부했습니다. 그리고 몇 년 후인 1905년, 당시 유명세를 떨치던 과학 잡지사 《물리학 연보(*Annalen der Physik*)》에 논문 세 편을 보냅니다. 세 논문 모두 노벨상을 수상할 정도의 가치가 있는 것들이었지요. 첫 번째 논문은 원자가 실제로 존재한다는 것을 증명하는 내용이었고, 두 번째 논문은 우리가 다음 강의에서 이야기할 양자역학의 장을 여는 내용이었습니다. 그리고 세 번째 논문은 최초로 자신의 상대이론[요즘 '상대성'이론이라고 부르는 이론], 즉 왜 모든 사람에게 시간이 똑같이 흘러가지 않는 것인지를 설명하는 이론을 담고 있었습니다. 예를 들어 거의 동시에 태어난 두 명의 쌍둥이가 있다 치면 어느 한 사람은 아주 빠르게 이동하며 살고, 다른 한 사람은 그렇지 않다면 어느 날 두 사람은 서로 다른 나이로 보이게 되는 것처럼 말이지요.

아인슈타인은 정말 어느 날 갑자기 유명한 과학자가 되었고, 수많은 대학에서 러브콜을 받았습니다. 하지만 뭔가 걸리는 문제가 있었습니다. 상대성이론은 발표와 동시에 찬사를 받기는 했지만 우리가 알고 있는 중력, 즉 사물을 추락시키는 힘과 서로 논리적으로 충돌한다는 것이었지요. 아인슈타인은 자신의 이론을 검토하는 글을 쓰던 중 그러한 점을 알아채게 됩니다. 그리고 위대한 과학의 아버지 아이작 뉴턴(Isaac Newton, 1642~1727)의 이론으로서 세상 최고의 이론으로 군림해온 '만유인력' 역시 다시 한 번 살펴봐야겠다는 의심을 품고, 새로운 상대성이론과 양립할 방법을 모색했습니다.

그는 문제가 되는 부분을 집중적으로 연구하기 시작했고, 그

해답을 찾기까지 10년이라는 세월을 보내야 했습니다. 10년 동안 미친 듯이 공부하면서 수많은 시도를 했고 실패와 혼란을 겪었으며, 번뜩이는 듯했던 아이디어에서 오류를 발견하는 등 갖은 시행착오를 거듭했습니다. 그리고 1915년 11월, 드디어 완벽한 해답이 적힌 논문을 언론에 보내게 됩니다. 그 해답은 바로 새로운 중력이론이었습니다. 아인슈타인 인생의 최대 업적인 '일반상대성이론'의 이름은 이 중력이론에서 비롯된 것입니다. 아제르바이잔이 배출한 위대한 물리학자 레프 란다우(Lev Landau, 1908~ 1968)는 상대성이론을 두고 '가장 아름다운 과학 이론'이라고 부르기까지 했지요.

세상에는 우리를 깊은 감동의 물결에 빠트리는 걸작들이 있습니다. 모차르트의 '레퀴엠(Requiem)'이나 《오디세이(*Odyssey*)》, 《리어 왕(*King Lear*)》 그리고 바티칸의 시스티나 성당(Cappella Sistina)…. 이런 눈부신 대작을 내놓으려면 험난한 배움의 과정을 거쳐야 할 수 있습니다. 하지만 그 과정을 극복하고 얻은 걸작이야말로 진정 아름답다 말할 수 있지요.

그뿐이 아닙니다. 이런 걸작들은 우리가 이 세상을 새로운 시선으로 다시 볼 수 있게 해줍니다. 알베르트 아인슈타인이 창조한 보석인 일반상대성이론도 물론 그중 하나입니다.

나 역시 상대성이론에 대해 무엇인가를 이해하기 시작했을 때의 감동을 잊을 수가 없습니다. 그때는 뜨겁던 여름이었습니다. 당시 대학 졸업반이던 나는 콘도푸리(Condofuri)라는 칼라브리아 섬의 해안에서 지중해의 햇살에 흠뻑 젖어 있었습니다. 사실 학기 중에는 학교 때문에 신경 쓸 일이 많아서 오히려 방학 중에 공부가 더 잘되는 편이었습니다. 볼로냐 대학을 다닐 때, 때때로 강의를 듣기가 지루해서 움브리아(Umbria, 이탈리아 중부에 있는 주) 지방의 어느 언덕에 있는 약간 히피 소굴 같은 초라한 집으로 도망을 가곤 했습니다. 그 집에 있을 때 밤이면 쥐구멍을 책으로 막았는데, 쥐들이 그 책의 가장자리를 쏠아놓곤 했습니다. 물론 나는 그 책으로 계속 공부했습니다. 공부를 하다가 가끔 고개를 들어 반짝이는 바다를 바라보면 아인슈타인이 상상했던 시공간이 휘어지는 모습을 보는 느낌이 들었습니다.

"인류의 모든 지식 중에서 상대성이론은 단연 특별합니다. 첫 번째 이유로 이 이론은 일단 어떻게 작용하는지 그 원리만 알게 되면 말도 못하게 간단하기 때문입니다."

마법 같은 시간이었습니다. 마치 친구가 내 귀에 대고 아주 특별한 숨겨진 진실을 속삭여주고, 그 진실을 통해 어느 순간 갑자기 아주 간단하지만 심오한 규칙의 베일이 벗겨지는 듯했지요. 우리는 지구가 둥글고 미친 듯이 돌아가는 팽이 같다는 것을 배운 후로 세상의 실제 모습이 겉으로 보이는 것과 똑같지 않다는 사실을 깨달았습니다. 우리는 새로운 진실의 조각을 하나씩 파헤칠 때마다, 새로운 베일이 걷힐 때마다 열광하게 됩니다.

하지만 역사의 흐름 속에서 하나둘씩 놀랍게 도약해온 우리의 모든 지식 중에서 아인슈타인이 발전시킨 지식은 아마도 단연 특별할 것입니다. 왜 그럴까요? 첫 번째 이유는 일단 어떻게 작용하는지를 알기만 하면 아인슈타인의 이론은 말도 못하게 간단하다는 것입니다. 얼마나 간단한지 정리해 보자면 이렇습니다.

뉴턴은 무엇 때문에 사물이 추락하고 행성들이 회전하는지를 설명하고자 했습니다. 그는 모든 물체에는 한 쪽에서 다른 쪽을 당기는 '힘'이 있을 거라고 생각했고, 이 힘을 '중력'이라고 불렀습니다. 멀리 떨어져 있는 두 물체 사이에 아무것도 없을 때 이 중력이 어떻게 작용하여 서로 끌어당기게 하는지 아는 것이 없는 상태에서, 위대한 과학의 아버지 뉴턴은 가설을 세우고자 이에 대해 신중하게 관찰했습니다. 그리고 물체들이 움직이는 공간이 텅 빈 거대한 통, 우주를 담은 하나의 거대한 상자를 상상했습니다. 혹은 어떤 힘이 가해져 이동 경로를 휘게 만들지 않는 한, 그러한 공간은 물체들이 똑바로 직선으로 이동하게 되는 선반이 아닐까 하는 생각을 했습니다. 당시 뉴턴은 이 '공간', 즉 세상이 하나의 거대한 통과 같은 공간이라는 생각은 했지만 이 공간이 무엇으로 이루어져 있는지 알지 못했습니다.

하지만 아인슈타인이 태어나기 바로 몇 해 전, 영국의 위대한 물리학자인 마이클 패러데이(Michael Faraday, 1791~1867)와 제임스 클러크 맥스웰(James Clerk Maxwell, 1831~1879), 두 사람이 뉴턴의 세상에 차가운 성분 한 가지를 추가했습니다. 바로 전자기장이었지요. 이 전자기장은 우리 눈에 보이지 않지만 전자기파를 사방으로 퍼트려 공간을 채우고 있으며 때로는 진동을 하고 호수의 표면처럼 물결이 생기기도 합니다. 그리고 전력을 '주위에 전달'할 수도 있습니다. 아인슈타인은 어릴 때부터 전자기장의 매력에 흠뻑 빠져 아버지가 지은 전기 발전소의 회전자(전동기나 발전기에서 회전하는 부분의 총칭)를 돌려보면서 중력에도 전력처럼 일정한 범위, 즉 '장(場, field)'이 있다는 것을 일찌감치 눈치챘습니다. 다시 말해 '전기장'과 동일한 '중력장'이 존재하는 것입니다. 이러한 것을 깨달은 아인슈타인은 이 '중력장'이 어떻게 만들어지고 어떤 방정식을 이용해야 이것을 설명할 수 있을지 알아내려 했습니다.

그 과정에서 그는 아주 특별한, 진정 천재적인 발상을 하게 됩니다. 중력장이 공간 속에서 확산되는 것이 아니라 중력장 자체가 공간이라는 것입니다. 이것이 바로 일반상대성 이론의 개념입니다. 그에 따르면 사물이 이동하는 뉴턴의 '공간'은 중력을 갖고 있는 '중력장'과 똑같은 것입니다.

세상 사람들이 경악할 정도로 단순화된 대단한 발상이었습니다. 이제 공간도 물질과 다를 바 없는 것이 된 것입니다. 이제 공간은 이 세상을 구성하는 '물질' 중 하나가 된 것이지요. 공간은 파도처럼 물결을 이루며 휘기도 하고 굴절도 하고 왜곡되기도 하는 실체입니다. 우리는 보이지 않는 단단한 선반 위에 있는 것이 아니라 물컹하고 유연한 거대한 조개 속에 들어 있다고 할 수 있습니다. 태양은 자신의 주변 공간을 굴절시키고, 지구는 신비로운 힘에 이끌려서가 아니라 기울어진 공간 속에서 직선으로 주행하기 때문에 태양의 주위를 돕니다. 이해가 잘 안 되면 깔때기 속에서 작은 구슬이 구르는 모습을 상상해보세요. 구슬이 구르는 것은 깔때기의 가운데 부분에서 신비한 '힘'이 나와서가 아니

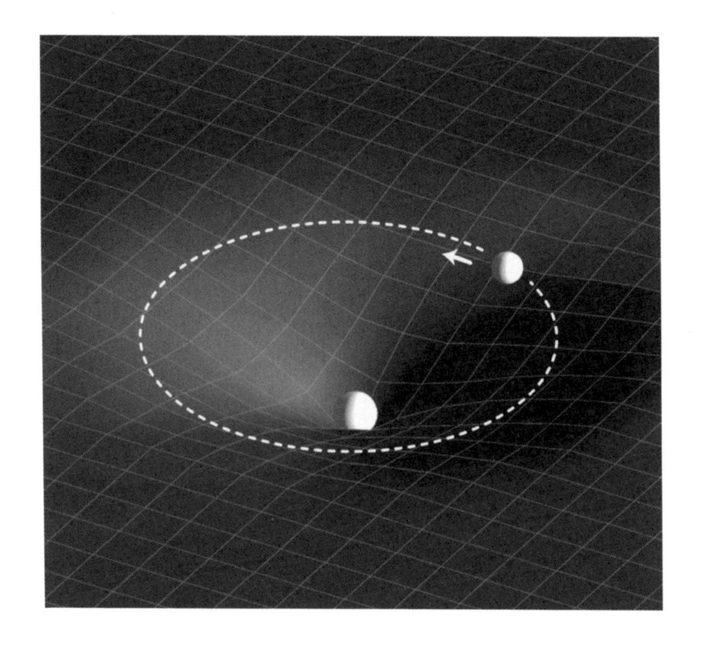

라 깔때기 벽면이 곡선이기 때문입니다. 행성들이 태양의 주위를 돌고 물체가 바닥으로 떨어지는 것도 공간이 곡선을 이루고 있어서입니다.

그렇다면 이렇듯 공간이 곡선을 이룬다는 사실을 어떻게 설명할 수 있을까요? '수학의 왕자'라 불리던 19세기 최고의 수학자 카를 프리드리히 가우스(Carl Friedrich Gauss, 1777~1855)는 언덕의 표면에 비유해 2차원 곡선의 표면을 설명했습니다. 그리고 수학에 뛰어난 재능을 보이던 자신의 제자에게 3차원이나 그 이상의 차원에 있는 모든 곡선 형태의 공간을 일반화하는 일을 맡아달라고 부탁했습니다. 이 제자가 바로 베른하르트 리만(Bernhard Riemann, 1826~1866)이었습니다. 리만은 너무 어려워서 다른 사람들이 보기에는 아무 쓸모없는 박사학위 논문을 썼는데, 그 논문의 결론은 곡선 공간의 특성들을 어떤 수학적 명제를 통해 포착할 수 있다는 것이었습니다. 이것이 바로 현재 우리가 'R'로 표기하고 '리만 곡면'이라 부르는 것입니다. 아인슈타인은 R을 물질 에너지에 비례하는 수로 정한 방정식을 쓰기도 했습니다. 즉, 공간은 물질이 있는 곳에서 곡선을 이룹니다. 그게 전부입니다. 아인슈타인의 방정식은 그저 그렇게 중간 정도까지 진행되었을 뿐, 골인 지점에 도달하지는 못했습니다. 공간이 휜다는 관점과 이를 설명하는 방정식, 그뿐입니다.

하지만 이 방정식 속에는 반짝반짝 빛나는 우주가 있습

니다. 그리고 이 우주에서 풍요로운 아인슈타인의 마법 같은 이론이 열립니다. 처음에는 정신 나간 사람의 헛소리처럼 들렸겠지만, 이 예측들은 결국 모두 실험을 통해 입증되고야 맙니다.

우선 아인슈타인의 방정식은 별 하나의 주위를 둘러싸고 있는 공간이 어떻게 휘는지 설명합니다. 이 곡면 때문에 행성들이 별의 주위를 공전할 뿐 아니라, 빛이 직선으로 이동하다가 방향을 트는 현상이 발생하게 됩니다. 아인슈타인은 일찍이 태양이 빛을 굴절시킨다고 예측했었습니다. 그의 예측은 1919년에 입증되어 사실로 밝혀졌습니다.

그런데 공간뿐 아니라 시간도 곡선이 됩니다. 아인슈타인은 지구 대기권 밖처럼 중력이 약한 곳에서는 시간이 빨리 흐르고, 반대로 중력이 센 지구 표면에서는 시간도 천천히 흐른다고 예측했습니다.* 이 또한 실제로 측정되어 사실로 밝혀졌습니다. 아주 약간의 차이이기는 하지만, 쌍둥이 중에서도 산에서 산 사람은 바다에서 산 자신의 형제보다 더 나이 들어 보일 것입니다. 이것은 시작에 불과합니다.

거대한 별은 자신의 연료[수소]를 모두 태우면 빛을 잃습니다. 연소 중에 발생된 열기마저 다 사라지면 별 스스로의 무게에 짓눌리게 되고, 심지어 공간을 매우 강하게 휘게 만들어 빛조차 빠져나올 수 없는 구멍이 만들어집니다. 이 구멍이 그 유명한 블랙홀입니다. 내가 대학을 다닐 때는 이런 어려운 이론에서 예측하는 내용들이 별로 믿기지 않았지만 요즘에는 하늘에서 수많은 것들을 관찰할 수 있고 그것들을 천문학자들이 연구하고 있습니다. 하지만 여기서 그치지 않습니다.

공간은 전체적으로 넓게 확장되고 팽창할 수 있습니다. 아인슈타인의 방정식은 거기에서 더 나아가 아예 공간은 정지

● 특수상대성이론에 따르면 속도가 빠른 곳에서는 시간이 천천히 흐르고, 속도가 느린 곳에서는 시간이 빠르게 흐른다. 또한 일반상대성이론에 따르면 중력(혹은 중력가속도)이 센 곳(가령 지표면)에서는 시간이 천천히 흐르고 중력이 약한 곳(가령 에베레스트 정상)에서는 시간이 빨리 흐른다.

된 상태로 있을 수 없으며 항상 확장하고 있다고 지적했습니다. 1930년 우주의 팽창은 실제로 관측됐고, 아인슈타인은 자신의 방정식을 통해 우주의 팽창이 아주 작지만 매우 뜨거웠던 젊은 우주의 폭발, 이름하여 '빅뱅(Big Bang)'에 의한 것이라고 예측했습니다. 이번 가설도 처음에는 아무도 믿어주지 않았지만 시간이 흐르면서 이를 뒷받침하는 증거들이 하나둘씩 늘어났고, 폭발 초기의 열기로 인해 발생했던 빛이 우주에 남아 확산되는 우주배경복사(cosmic microwave background)까지 관찰됐습니다. 아인슈타인 방정식의 예측이 옳았던 것입니다.

그리고 또 한 가지, 아인슈타인은 공간이 '중력파(gravity wave)•'의 영향으로 바다의 표면처럼 물결을 이루며, 이는 쌍성(雙星)에서 관찰될 것이라고 예측했습니다. 더 놀라운 것은

• 2016년 2월 11일. 고급레이저간섭계중력파관측소(LIGO)는 공간과 시간을 일그러뜨리는 것으로 믿어지는 중력파의 존재를 직접 측정 방식으로 탐지했다고 발표했다. 이는 초기 빅뱅에 대한 증거인 우주배경복사에 포함된 미세한 중력의 파동을 검출할 수 있다는 것으로 아인슈타인이 주장한 일반상대성이론의 마지막 퍼즐이 풀린 것으로 평가된다.

"아인슈타인의 모든 이론은 맑은 직관에 의해 탄생했습니다. 이 모든 것은 아주 기본적인 직관, 공간(space)과 장(field)이 같다는 개념에서 만들어진 결과입니다."

아인슈타인이 이 파장의 규모를 수천억 분의 1정도까지 정확하게 짚어냈다는 것입니다. 이외에도 아인슈타인의 이론은 수많은 것들을 예측했습니다.

정리하면, 아인슈타인의 이론은 이 화려하고 경이로운 세상에서 우주가 폭발하고, 공간이 출구도 없는 구멍 속으로 빨려 들어가고, 시간은 한 행성에서 아래로 내려갈수록 느려지고, 별과 별 사이에 펼쳐진 공간은 바다의 표면처럼 물결 모양을 이루며 흔들린다고 설명합니다. 이 모든 것이 생쥐들이 쏠아놓은 내 책에서 조금씩 눈길을 끌기 시작했습니다. 아인슈타인의 이론은 어느 바보가 발작 증세를 일으키며 말하는 앞뒤가 맞지 않는 동화도 아니요, 이탈리아의 칼라브리아 섬에서 작렬하는 태양 때문에 보이는 바다 저편의 희미한 환영도 아니었습니다. 모두 사실이었지요.

아마도 아인슈타인은 일상 속에서 탁해진 우리의 진부한 시선보다 훨씬 더 맑은 시선으로 현실을 바라본 듯합니다. 이 현실 역시 꿈으로 만든 재료로 이루어진 것 같아 보이지만 우리가 일상적으로 꾸는 흐릿한 꿈보다는 훨씬 현실적입니다.

이 모든 것은 기본적인 직관, 즉 공간(space)과 장(field)이 같다는 개념에서 만들어진 결과입니다. 그리고 간단한 방정식이 낳은 결과이기도 합니다. 이 책을 읽는 독자들은 이해할 수 없을지 모르지만 적어도 얼마나 간단한지 보여주고 싶어서 한번 쓰고 넘어가야겠습니다.

$$R_{ab} - ½Rg_{ab} = T_{ab}$$

이게 전부입니다. 당연히 리만의 이론을 소화하고 이런 방정식을 읽는 법을 습득하려면 학습 과정이 필요합니다. 약간의 시간과 노력도 할애해야 할 것입니다. 하지만 베토벤의 사중주에서 흔치 않은 아름다움을 찾아낼 수 있을 정도의 전문적인 기교까지는 필요치 않습니다. 아인슈타인의 예측에서든 리만의 이론에서든 그 속에 감춰진 아름다움과 세상을 보는 새로운 시각만 인정할 줄 알면 됩니다.

"양자역학이 탄생한 후 우리의 일상생활에는 많은 변화가 생겼습니다. 물리학자나 공학자, 화학자, 생물학자 등 많은 학자들이 매우 광범위한 분야에서 양자역학 방정식과 그 결과물들을 일상적으로 사용하고 있습니다. 양자역학이 없었다면 트랜지스터도, 나아가 컴퓨터도 없었을 것입니다. 그러나 탄생한 지 한 세기가 지난 지금까지도 양자역학은 여전히 이해할 수 없는 신비롭고 묘한 향기에 휩싸여 있습니다."

두 번째 강의

양자역학

20세기 물리학의 두 기둥은 첫 번째 강의에서 이야기한 일반상대성이론과 이번 강의에서 다룰 양자역학인데, 이 두 가지는 큰 차이가 없을지 모릅니다.

두 가지 이론 모두 자연의 미세한 구조가 우리 눈에 보이는 것보다 훨씬 더 미묘하다는 것을 말해줍니다. 하지만 일반상대성이론은 알베르트 아인슈타인의 생각, 그 한 가지만으로 만들어진 것으로, 중력과 공간, 시간에 대한 단순한 시각을 시종일관 유지하는 단단한 보석과 같다고 할 수 있습니다. 반면에 양자역학, 혹은 '양자이론'은 다양한 실험에서 성공적인 결과를 얻었습니다. 그것들을 응용함에 따라 우리의 일상생활에도 많은 변화가 생겼습니다. [예를 들면, 지금 내가 글을 쓰고 있는 컴퓨터도 그중 하나지요.] 그러나 탄생한 지 한 세기가 지난 지금까지도 양자역학은 여전히 이해할 수 없는 신비롭고 묘한 향기에 휩싸여 있습니다.

양자역학은 정확히 1900년에, 적극적인 사고방식의 시대가 열리던 무렵에 사용되기 시작한 말입니다. 독일의 물리학자 막스 플랑크(Max Planck, 1858~1947)는 뜨거운 열상자 속에서 균형 상태에 있는 전기장을 계산했습니다. 그런데 이 계산에는 한 가지 트릭이 사용됐지요. 바로 전기장의 에너지가 '양자(quantum, 量子)'•와 같은 덩어리 형태로 분포되어 있다는 상상을 한 것입니다. 그 결과 상상했던 것과 측정 결과[측정이 어느 정도는 정확했을 것입니다.]가 완벽하게 맞아떨어졌지만, 이는 당시에 알려진 지식들과 전혀 조화를

• 더 이상 나눌 수 없는 에너지의 최소량 단위. 이를테면 광자는 빛의 단일 양자이며, 물리량에 '더 이상 쪼갤 수 없는 최소 단위' 혹은 '더 이상 해상도를 높일 수 없는 최소 단위(불확정성 원리)'가 존재한다는 아이디어는 현대 과학이 양자 개념을 받아들일 수 있도록 하는 기반이 되었다.

이루지 못했습니다. 그 시기에는 에너지가 연속적으로 변화하는 것이라고 생각했기 때문에 벽돌로 된 물체 취급을 할 이유가 없었던 것입니다.

막스 플랑크도 에너지가 작은 덩어리들로 만들어진 것이라고 가정하고 계산하는 것을 이상하게 여겼기에 스스로도 그러한 결과가 발생하는 이유를 이해하지 못했습니다. 그런데 결국 '에너지 덩어리'가 실재함을 깨닫게 한 것은 5년 후 아인슈타인에 의해서였습니다.

아인슈타인은 빛이 무리를 이루어, 즉 빛 입자들이 모여 만들어진다는 것을 증명했습니다. 이것이 현재 우리가 '광자(photon, 光子)'라고 부르는 것입니다. 아인슈타인은 자신의 연구 내용을 소개하는 글에 이렇게 기록했습니다.

"내가 보기에는 빛 에너지가 공간 속에 비연속적으로 분포한다고 가정할 경우, 형광물질이나 음극선 생산, 상자에서 나오는 전자기 방사선을 비롯해 빛의 방출 및 변환과 관련된 유사 현상들을 함께 관찰해야 이해하기가 더 용이할 것 같다. 여기서 나는 빛 에너지가 공간 내에 연속적으로 분포되어 있는 것이 아니라 공간 속의 특정한 지점들에 위치하고, 이동은 하지만 서로 분리되지 않으며, 각각 하나의 개체로서 생산되고 흡수되는 일정한 수의 '에너지 양자'로 이루어진다는 가설을 염두에 두었다."

"'내가 보기에는…'으로 조심스럽게 시작하는 아인슈타인의 간단명료한 몇 줄의 설명은 양자이론의 진정한 탄생의 서막을 알리는 것이었습니다."

이 간단명료한 몇 줄의 설명은 양자이론의 진정한 탄생의 서막을 알리는 것이었습니다. 시작 부분에 적힌 '내가 보기에는…'이라는 말에서는 찰스 다윈(Charles Robert Darwin, 1809~1882)이 자신의 수첩에 종(種)이 진화한다는 엄청난 아이디어를 적을 때 사용했던 '내가 생각하기에는…'이라는 말이나, 마이클 패러데이가 자신의 책에서 전기장이라는 혁명적인 아이디어를 소개할 때 주저하는 말투를 보였던 것이 떠오릅니다. 천재 아인슈타인도 주저했던 것입니다.

아인슈타인의 연구 내용을 접한 동료들은 처음에는 그저 재기 발랄한 청년이 철없이 어리석은 생각을 한다고 치부했습니다. 하지만 훗날 아인슈타인은 이 연구 덕분에 노벨상을 받게 됩니다. 플랑크가 이 이론을 낳은 아버지라면, 아인슈타인은 기른 아버지라고 할 수 있습니다.

하지만 세상의 모든 자식이 그렇듯이 이 이론도 나중에는 자기 길을 찾아 떠났고, 아인슈타인은 이 이론이 어떤 이론인지 제대로 알아보지도 못했습니다. 자신의 곁을 떠나 너무 많이 변해버렸기 때문이지요. 1910년대와 20년대를 지나면서부터는 덴마크의 닐스 보어(Niels Bohr, 1885~1962)가 양자이론을 발전의 길로 이끌게 됩니다. 원자 속 전자 에너지도 빛 에너지처럼 '양자화'된 일정한 값만 취할 수 있고, 무엇보다 전자들이 특정한 에너지 값만을 허용하는 원자궤도에 있는 한 원자궤도에서 다른 원자궤도로 '점프'만 할 수 있으며, 점프를 하는 동안 광자를 방출하거나 흡수한다는 사실을 알아낸 사람이 바로 닐스 보어입니다. 이것이 그 유명한 '양자도약(quantum leap)'입니다. 닐스 보어는 당시로서는 정말 이해하기 어려웠던 원자계의 행동 양식을 정리하고, 일관성 있는 이론을 구축하려고 내로라하는 최고의 젊은 지성들을 코펜하겐에 위치한 자신의 연구소에 불러 모았습니다.

그러던 1925년, 드디어 뉴턴의 역학 전체를 대체할 수 있는 이론 방정식이 나타났습니다. 그보다 더 훌륭한 방정식을 기대하기는 힘들었을 것입니다. 그때부터 당시까지의 다양한 논의들이 일관된 이론으로 구축되고 수치로 계산까지 할 수 있게 되었지요. 예를 하나만 들어보자면, 학창 시절에는 수소에서 우라늄까지 우주를 이루는 기본적인 모든 물질들을 나열한 멘델레예프의 원소주기율표가 학교에 참 많이 붙어 있었습니다. 그런데 왜 주기율표는 그렇게 구성되어 있고, 왜 하필이면 그 원소들이 나열되어 있으며, 왜 원소들은 각자의 특성을 갖고 있는 걸까요? 정답은 모든 원소가 양자역학 기본 방정식을 따르기 때문입니다. 화학 전체가 이 하나의 방정식에서 나온 것입니다.

새로운 이론의 방정식을 처음 쓰기 시작한 것은 매우 젊은 독일 출신의 천재 베르너 하이젠베르크(Werner Heisenberg, 1901~1976)인데, 현기증에서 얻은 아이디어를 바탕으로 했습니다.

그는 전자가 언제 어느 곳에나 존재하는 것은 아니라고 생각했습니다. 그저 다른 무엇인가가 전자들을 봐줄 때, 즉 무엇인가와 상호작용을 일으킬 때만 전자가 존재한다고 생각했습니다. 전자는 어느 한 장소에서 무엇인가에 부딪히면 물질화되는데, 이때 물질화된 수치를 계산할 수도 있습니다. 한 궤도에서 다른 궤도로의 '양자도약'은 실제로 전자들이 존재하는 방식입니다. 한 전자가 다른 무엇인가와의 상호작용으로 도약을 하는 것입니다. 하지만 방해하는 요소가 아무것도 없으면 정확히 어느 장소에 존재한다고 말할 수 없지요.

하느님이 두꺼운 선으로 사물의 실체를 그려서 만들었다면, 아마 전자는 아주 가느다란 실선으로 그린 모양일 것입니다.

양자역학에서는 다른 무엇인가에 부딪히지 않는 한 그 무엇도 확실한 자기 자리를 갖지 못합니다. 어떤 상호작용이 있은 후 비행을 하다가 다음 상호작용을 일으키기 위해 무엇인가에 부딪힌다는 것을 설명하기 위해 추상적 함수, 즉 실재 공간이 아닌 추상적인 수학 공간에 존재하는 함수가 사용됩니다.

그보다 더 이해하기 힘든 이론도 있습니다. 모든 개체가 어떤 상호작용에서 다른 상호작용으로 넘어가는 양자도약이 대부분 우발적이고, 예측할 수 없는 방식으로 이루어진다는 것입니다. 전자가 어디에서 또다시 나타날 것인지 예상하는 것은 불가능하고, 그저 여기 혹은 저기에서 나타날 가능성만 계산해볼 수 있습니다. 그런데 이 보잘것없는 가능성이 물리학의 중심부에, 모든 것이 정확하고 투명하고 예외가 인정되지 않는 규칙으로 통제되는 듯했던 곳에서 고개를 내밀었습니다.

말도 안 되는 일 아닌가요? 아인슈타인이 보기에도 어처

구니없었습니다. 한편으로는 베르너 하이젠베르크가 이 세상에 대한 근본적인 무엇인가를 깨달았다는 것을 인정하고 그를 노벨상 후보자로 추천했지만, 다른 한편으로는 그 정도는 아무것도 모르는 것과 같다며 깎아내릴 기회를 놓치지 않았습니다.

코펜하겐 연구단의 젊은 사자들은 당황스러웠습니다. 도대체 어떻게, 그것도 아인슈타인이 그럴 수가 있지? 생각할 수 없는 것을 생각할 용기를 북돋아주던 사람, 젊은 연구가들의 정신적 아버지였던 그 사람이 이제는 뒤로 물러나 미지의 세계를 향한 이 새로운 도약을 두려워하다니? 그 미지의 세계에 대해 시간은 보편적인 것이 아니며 공간은 휘어져 있다고 가르친 장본인이면서? 그랬던 사람이 어떻게 이제 와서 세상은 그렇게 이상한 곳일 수 없다고 말할 수가 있지?

닐스 보어는 참을성 있게 아인슈타인에게 새로운 아이디어들을 설명했습니다. 하지만 아인슈타인은 이를 거부했습니다. 오히려 그는 그 새로운 아이디어들이 모순이라는 것을 증명하기 위해 사고실험(思考實驗)•을 궁리하기까지 합니다.

"빛이 가득한 상자가 있다고 상상해봅시다. 그 상자에서 짧은 순간 동안 광자만 빠져나오게 하면…"

그의 유명한 이론 중 위와 같은 문구로 시작되는 내용이 바로 '빛 상자'에 대한 사고실험입니다. 이 밖에도 아인슈타인은 여러 차례 이의를 제기했고, 그때마다 닐스 보어는 적절한 답변을 찾아냈습니다. 긴장감 넘치는 두 사람의 대화는 간담회나 서신, 언론 기사를 통해 수년간 계속됐습니다. 이렇게 의견을 교환하는 동안 이 위대한 두 과학자는 모두 한 걸음씩 물러나 생각을 바꿔야 했습니다. 아인슈타인은 보어의 새로운 아이디어에 실질적으로 반박의 여지가 없다는 것을 인정해야 했습니다. 물론 보어도 처음에 생각했던 것

● 실제 실험을 통하지 않고, 이론적인 가능성에 따라서만 결과를 유도하는 실험이다. 사고실험의 장점은 실제 실험에서 발생하는 오차가 발생하지 않으며, 실험을 단순화함으로써 이상적인 결과를 얻어낼 수 있다는 것이다.

처럼 새로운 아이디어가 그렇게 간단하지도, 명확하지도 않다는 것을 인정해야 했지요. 그러나 아인슈타인은 어떤 것과 상호작용을 일으키는지와 상관없는 객관적인 실체가 실제로 존재한다는 핵심적인 내용에 대해서는 양보하려 하지 않았습니다. 보어는 근원적으로 새로운 접근 방식으로써 개념화한 이론에 대한 가치는 무슨 일이 있어도 인정받으려고 했습니다. 결국 아인슈타인은 보어의 이론이 이 세상을 이해하는 데 엄청난 기여를 했다는 것은 인정했지만, 몇 가지는 거의 불가능해 보일 정도로 이상하므로 그 '배후'에 대해 반드시 좀 더 합리적인 설명이 필요하다는 믿음은 버리지 않았습니다.

그 후로 한 세기가 지났는데도 우리는 아직 같은 지점에 머물러 있습니다. 물리학자나 공학자, 화학자, 생물학자 등 다양한 학자들이 매우 광범위한 분야에서 양자역학 방정식과 그 결과물들을 일상적으로 사용하고 있기는 합니다. 현대의 모든 과학기술에 매우 유용하기 때문이죠. 양자역학이 없었다면 트랜지스터도 없었을 것입니다. 그러나 양자물리학 이론들은 물리계에서 어떤 현상이 벌어지는지는 설명하지 못하면서, 한 물리계가 다른 물리계에 어떻게 인지되는지만 설명합니다. 이게 무슨 뜻일까요? 한 물리계의 본질적인 실체에 대한 설명이 불가능하다는 뜻일까요? 그저 물리학 역사에서 거쳐야 할 한 부분이 빠져 있다는 뜻일까요? 아니면 현실은 상호작용으로써만 설명될 수 있다는 개념을 받아들여야만 한다는 의미일까요? 나는 개인적으로 그렇다고 생각합니다.

"우리의 지식은 충분히 성장해왔고, 또한 성장해왔습니다. 하지만 성장 속에서 새로운 의문과 미스터리도 나타납니다. 여전히 많은 물리학자와 철학자들이 이 문제들에 대해 회의와 의문을 제기하고 있습니다."

우리의 지식은 정말 성장했고, 또 성장하고 있습니다. 이런 지식의 성장 덕분에 예전에는 상상조차 못하던 새로운 일들을 할 수 있게 됐지요. 하지만 성장 속에서 새로운 의문이 터져 나옵니다. 새로운 미스터리도 나타납니다. 연구소에서 논리 방정식들을 사용하는 사람은 상관하지 않지만,

물리학자나 철학자들의 논문이나 회의에서는 계속 의문이 제기되고 있고, 최근에는 그러한 횟수가 점점 더 많아지고 있습니다. 양자이론이 탄생한 지 한 세기가 지난 후인 지금 이 이론은 어떻게 이해되고 있을까요? 현실의 본질에 깊이 침투한 이론일까요? 우연히 맞아떨어진 실수일까요? 아직 다 완성하지 못한 퍼즐의 한 조각일까요? 아니면 세상의 구조에 관한 것인데 우리가 아직 제대로 소화하지 못한 심오한 그 무엇인가가 있다는 신호일까요?

아인슈타인이 죽었을 때 그의 가장 큰 경쟁 상대였던 닐스 보어는 감동적인 존경심을 표했습니다. 그리고 몇 년 지나지 않아 보어 역시 사망하자 누군가 그의 사무실에 걸려 있던 칠판을 사진으로 찍었습니다. 이 칠판에는 그림이 하나 그려져 있었습니다. 그것은 바로 아인슈타인의 사고실험에서 언급된 '빛이 가득한 상자'였지요. 보어는 마지막까지 아인슈타인과 경쟁하고 더 많은 것을 알고 싶었던 것입니다. 그는 마지막 순간까지 평생 품었던 의혹을 풀지 못했습니다.

"코페르니쿠스는 고대에 구상되었으나 버려졌던 아이디어에 착안하여, 행성 무도회의 중심에 있는 것이 지구가 아니라 태양이라는 것을 발견했습니다. 이때부터 우리 지구는 다른 행성과 다를 바 없는 행성이 된 것입니다. 지식이 축적되고 인간이 사용하는 도구가 발전하면서, 태양계가 우주에 존재하는 다른 무수한 행성계와 다르지 않다는 것과 우리의 태양도 다른 별들과 똑같은 별일 뿐이라는 사실이 밝혀졌습니다. 태양도 천억 개 정도의 별들이 모여 만들어진 거대한 은하계 속 아주 미세한 알갱이 하나에 지나지 않다는 것을 말이지요."

세 번째 강의

우주의 구조

20세기 상반기에 아인슈타인은 상대성이론으로써 시공간을 설명했고, 보어와 그의 젊은 친구들은 물질의 독특한 양자적 특성을 방정식으로 정의했습니다. 그러는 한편 이러한 것들을 기반으로 20세기 후반의 물리학자들은 기본 입자들의 작은 우주에서 천체의 대우주에 이르기까지 매우 다양한 자연의 영역에 새로운 두 이론을 적용했습니다. 시간에 대해서는 이번 강의에서 이야기하고, 공간에 대해서는 다음 강의에서 이야기하기로 해보지요.

이번 강의에서는 주로 간단한 그림을 가지고 이야기하게

될 것입니다. 그 이유는 과학이 실험과 측정, 수학, 엄격한 추론이기 이전에 시각적인 것이기 때문입니다. 과학은 무엇보다 시각적인 활동입니다. 과학적 사고는 우리가 예전과 다른 방식으로 사물을 '볼 줄 아는' 능력이 있어야 성장합니다.

일단 한 가지 이미지를 함께 살펴봅시다.

하늘

지구

수천 년 동안 세상 사람들은 아래에는 땅, 위에는 하늘이 있다는 개념을 갖고 있었습니다. 26세기 전 그리스의 철학자 아낙시만드로스(Anaximandros, B.C. 610~546)가 이룬

최초의 위대한 과학 혁명은 태양과 달, 별이 어떻게 지구 주위를 돌 수 있는지를 연구하고 앞 쪽 이미지를 아래의 이미지로 바꿔놓은 것이었습니다.

아낙시만드로스의 혁명 후, 하늘은 땅 위에만 있는 것이 아니라 사방을 모두 둘러싸고 있고, 땅은 어딘가로 추락하지 않고 공간 속에 매달린 채 표류하는 거대한 바위가 됐습니다. 일찍이 누군가는 [어쩌면 파르메니데스(Parmenides, B.C. 510~450)일 수도 있고, 피타고라스(Pythagoras, B.C. 580~490)일 수도 있습니다.] 비행을 하기 위한 땅의 가장 합리적인 형태는

모든 방향의 형태가 다 똑같은 구형(球刑)이라는 것을 깨달았습니다. 그리고 아리스토텔레스는 수많은 천체들이 주행하는 지구 주변의 하늘과 지구가 구형이라는 것을 확인하기 위해 설득력 있는 과학적 명제를 제시했습니다. 그 결과 탄생한 우주의 이미지가 바로 이것입니다.

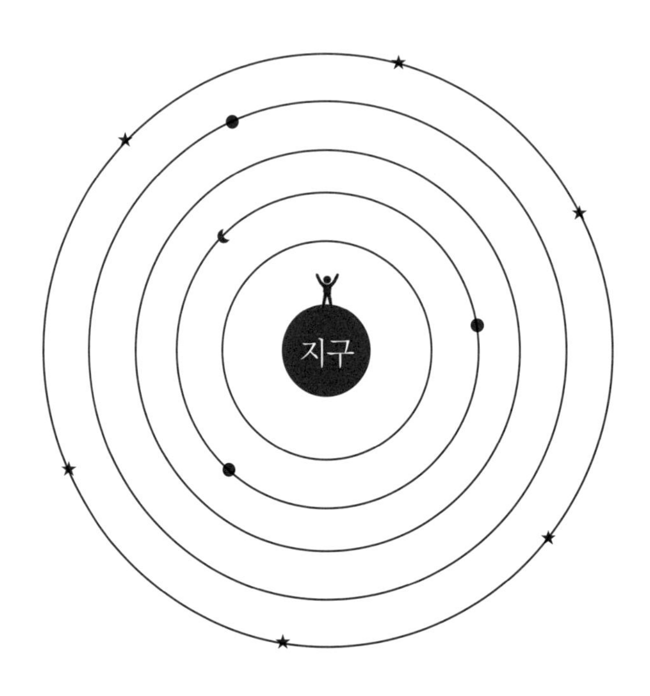

"코페르니쿠스는 고대에 이미 버려졌던 아이디어에서 착안하여, 행성들의 무도회의 중심에 있는 것이 지구가 아니라 태양이라는 것을 발견하고 증명해냈습니다."

이것이 아리스토텔레스(Aristoteles, B.C. 384~322)가 자신이 쓴 《천체론(*De caelo*)》에 묘사한 우주의 모습이자 중세시대가 끝날 때까지 지중해 주변 문명의 특징으로 남은 세상의 이미지입니다. 그리고 단테(Dante Alighieri, 1265~1321)가 학교에서 공부했던 세상의 이미지이기도 합니다.

그 이후 코페르니쿠스(Nicolaus Copernicus, 1473~1543)가 소위 위대한 과학적 혁명을 시작하면서 또 한 번 도약하게 됩니다. 코페르니쿠스의 세상은 아리스토텔레스의 세상과 크게 다르지 않았습니다.

하지만 근원적으로 다른 것이 하나 있었습니다. 코페르니쿠스는 고대에 이미 구상되었으나 버려졌던 아이디어에 착안하여, 행성들의 무도회의 중심에 있는 것이 지구가 아니라 태양이라는 것을 발견하고 이를 증명해냈습니다. 이때부터 우리 지구는 다른 행성과 다를 바 없는 행성이 된 것입니다. 매우 빠른 속도로 스스로 회전하며 태양의 주위를

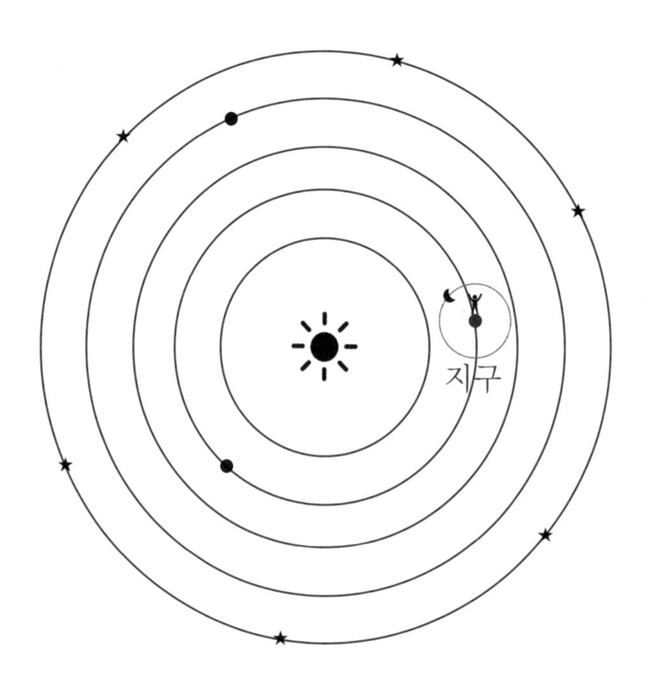

도는 행성이 된 것이지요.

계속해서 지식이 축적되고 인간이 사용하는 도구가 발전하면서, 태양계가 우주에 존재하는 다른 무수한 행성계와 다르지 않다는 것과 우리의 태양도 다른 별들과 똑같은 별일 뿐이라는 사실이 밝혀졌습니다. 태양도 천억 개 정도의 별들이 모여 만들어진 거대한 별구름, 즉 은하계 속의 아주 미

세한 알갱이 하나에 지나지 않는 것이라는 사실을 말이지요.

그러나 1930년대에 들어서면서 천문학자들은 성운(별 사이의 희뿌연 구름)들을 정확하게 측정해 은하 역시 수천, 수백만 개의 은하로 이루어진 거대한 은하구름 속에 있는 먼지 알갱이 같은 존재일 뿐이라는 것을 증명했습니다. 다만 그러한 은하구름은 성능이 아주 뛰어난 망원경을 사용해야만 볼 수 있고, 우리의 맨눈으로는 볼 수 없는 곳까지 뻗어 있습니다. 이제 세상은 균등하고 무한하게 펼쳐진 곳이 되었습니다. 이때부터는 세상의 모습이 더 이상 그림으로 표현되지 않습니다. 지구의 궤도에서 허블 망원경으로 사진을 찍으면, 대개 가장 성능이 좋은 망원경을 동원해야 볼 수 있고, 맨눈으로는 새카만 하늘의 아주 작은 조각으로밖에 보이지 않을 아주 먼 하늘의 모습까지도 볼 수 있습니다. 이 천체 망원경으로는 아주 멀리 있는 은하들이 흩뿌려져 있는 모습이 보입니다.

다음 쪽 사진의 환한 점들은 모두 우리와 비슷한 태양을 가진 수천억 개의 은하입니다. 몇 년 전부터는 이 태양들의 주위에도 대부분 행성들이 있다는 사실을 우리 눈으로 확인하기도 했습니다. 그러니까 우주에는 지구와 같은 행성이 수백, 수천억 개나 존재한다는 이야기입니다. 그리고 이러한 은하계들의 존재는 사방 곳곳에서 관찰됩니다.

그런데 이 은하계가 다 똑같아 보이지만 실제로는 그렇지 않습니다. 첫 번째 강의에서 설명한 것처럼 공간은 평면이

아닌 곡선입니다. 은하들이 흩뿌려진 우주의 조직 자체가 바다의 파도와 비슷한 파동에 의해 움직이고 있다고 생각해야 합니다. 그렇기 때문에 바다에서 배가 지나가면 파도가 요동을 치듯, 블랙홀이 지나가면 우주의 공간도 동요합니다. 위에 소개한 그림들을 다시 살펴보면 우주 공간 속에 거대

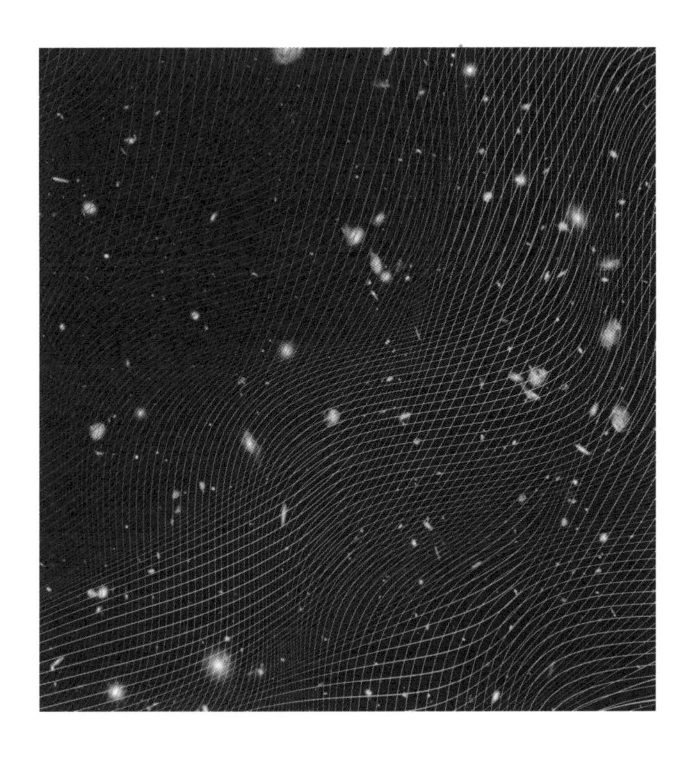

한 파도들이 횡단하고 있는 것을 볼 수 있습니다.

마지막으로 한 가지 더 이야기하자면, 현재의 우리는 이 거대하고 탄력 있고 은하들로 가득한 우주가 150억 년 정도의 시간 동안 성장하면서 작고, 아주 뜨겁고, 밀도가 높은 은하구름에서 벗어났다는 것을 알게 되었습니다. 그리고 이제는 그런 모습을 설명하려면 우주가 아닌 우주의 전체적인 역사를 그림으로 나타내야 합니다. 예를 들면 바로 이런 개략도가 필요합니다.

우주는 작은 공 모양으로 만들어졌고 수없는 폭발을 거쳐 현재의 크기가 됐습니다. 이것이 현재 우리 우주의 모습인데, 우리가 아는 것보다 규모가 더 큰 단계까지 확장되었

습니다.

이밖에 또 무언가가 있을까요? 예전에는 무엇이 있었을까요? 아마 그럴 것입니다. 다른 것들에 대해서는 후반부 강의에서 이야기해보기로 합시다. 혹시 우리와 비슷한 우주나 완전히 다른 우주도 존재할까요? 그건 알 수 없습니다.

"공간 중에서 원자가 없는 빈 영역을 관찰해보면 이러한 입자들이 무리를 형성하고 있는 것을 볼 수 있습니다. 그러니까 진짜 빈 공간, 완벽하게 빈 공간은 존재하지 않는 것입니다. 아주 잔잔한 바다를 가까이에서 보면 파도가 거의 멈춘 듯 가볍게 치고 있는 것처럼, 이 세상을 형성하고 있는 입자들의 장도 작은 층을 이루며 떠다닙니다. 상상해보자면 이 세상의 기본 입자들은 모두 하루살이 같은 짧은 삶을 불안해하며 계속해서 만들어지고 또 파괴되는 셈이지요."

네 번째 강의

입자

이전 강의에서 설명한 것처럼 우주 안에는 빛과 물질들이 이동하고 있습니다. 빛은 아인슈타인이 예측한 빛의 입자인 광자로 이루어져 있습니다. 우리가 눈으로 볼 수 있는 물질은 원자입니다. 원자는 모두 주위에 전자를 갖고 있는 핵입니다. 모든 핵은 양성자와 중성자로 구성돼 있으며 이 두 가지 물질은 단단하게 묶여 있지요. 양성자만큼 중성자도 매우 작은 입자로 이루어져 있는데, 미국의 물리학자 머리 겔만(Murray Gell-Mann, 1929~)은 제임스 조이스(James Joyce, 1882~1941)의 소설 《피네건의 경야(*Finnegans Wake*)》에 나오는 의미 없는 문장 'Three quarks for Muster Mark'

에서 의미 없는 단어인 '쿼크(quarks)'를 따와 이 작은 입자들의 이름으로 사용했습니다. 그러니까 우리가 만지는 모든 물체들이 전자와 이 쿼크들로 이루어져 있는 것입니다.

양성자와 중성자 안에 쿼크가 붙어 있도록 하는 힘은, 약간 우습지만 물리학자들이 접착제를 뜻하는 영어의 '글루(glue)'에서 따와 '글루온(gluon)'이라 부르는 입자에서 만들어집니다. 이탈리아어로는 '콜로니(colloni)' 정도로 번역될 수 있겠지만, 다행히 다들 굳이 번역을 하지 않고 영어 명칭을 그대로 사용합니다.

전자와 쿼크, 광자, 글루온은 우리 주변 공간에서 움직이는 모든 것의 구성 요소입니다. 입자 물리학에서 연구하는 '기초 입자'가 바로 이러한 것들인데, 여기에 다른 입자들, 예를 들면 우주에 무수히 많지만 우리와의 상호작용은 별로 없는 중성미자(neutrino)•나 최근 제네바 CERN(유럽원자핵

• 기본 입자의 일종으로 전자기, 약한 중력 상호작용에 영향을 받는 질량이 가벼운 경입자(lepton)에 속하며 전기적으로 중성이고, 정지질량은 1eV/C² 미만이고 스핀 양자수가 1/2인 입자.

공동 연구소)의 거대한 기계에서 발견된 힉스(Higgs) 입자와 같은 것이 추가되기는 했지만 전체적으로 그렇게 많다고 볼 수는 없습니다. 이외의 입자 종류는 고작해야 열두 가지가 채 되지 않습니다. 비유를 하자면 몇 가지의 기본 성분들이 마치 거대한 레고 조각처럼 우리를 둘러싼 모든 공간을 채우고 있는 것입니다.

이러한 입자들이 이동하는 방식과 특성은 이미 양자역학에서 설명했습니다. 그러니까 이 입자들은 공간을 채우고는 있지만 자갈 같은 물체가 아니라 기본적인 '장'에 상응하는 '양자'인 것입니다. 예를 들어 광자가 전자기장의 '양자'인 것처럼 말입니다. 이 입자들은 기본적으로 여기(excitation, 勵起)• 상태에 있으며, 패러데이와 맥스웰의 전자기장과 비슷하게 유동적입니다. 이들은 흐름이 있는 작은 파동입니다. 어디론가 사라졌다가 신비로운 양자역학의 법칙에 따라 다시 나

• 원자의 최외각에 있는 전자가 외부로부터 에너지를 받아 에너지 준위가 높은 전자궤도로 옮아간 상태의 원자 또는 분자의 상태.

타나지요. 이 묘한 양자역학의 법칙 속에 존재하는 것들은 절대 안정적일 수 없습니다. 여기서는 하나의 상호작용이 일어나면 또 다른 상호작용으로 계속 이어지기 때문이지요.

공간 중에서 원자가 없는 빈 영역을 관찰해보면 이러한 입자들이 무리를 형성하고 있는 것을 볼 수 있습니다. 그러니까 진짜 빈 공간, 완벽하게 빈 공간은 존재하지 않는 것입니다. 아주 잔잔한 바다를 가까이에서 보면 파도가 거의 멈춘 듯 가볍게 치고 있는 것처럼, 이 세상을 형성하고 있는 입자들의 장도 작은 층을 이루며 떠다닙니다. 상상해보자면 이 세상의 기본 입자들은 모두 하루살이 같은 짧은 삶을 불안해하며 계속해서 만들어지고 또 파괴되고 있는 셈이지요.

이것이 바로 양자역학과 입자이론에서 설명하는 세상입니다. 이제는 뉴턴이나 라플라스(Laplace Pierre Simon, 프랑스의 천문학자이자 수학자, 1749~1827)의 역학이 말하는 세상에서처럼 미세한 크기의 차가운 자갈 같은 입자들이 불변의

기하학적 공간에서 길고 정확한 궤도를 따라 영원히 떠도는 모습을 떠올리지 않습니다. 양자역학과 입자이론을 통해 우리는 세상이 불안정하지만 끊임없이 나타나는 물질들이 떼를 지어 있는 곳, 하나가 나타나면 다른 것은 사라지는 일이 꾸준히 반복되는 곳임을 배웠습니다. 1960년대 히피들의 세상처럼 불안정하게 흔들리는 세상, 사물이 주인인 세상이 아니라 그러한 것들 사이에서 벌어지는 수많은 사건들로 인해 좌우되는 세상인 것입니다.

입자이론의 세부적인 내용은 1950년대를 시작으로 1960년대를 거쳐 1970년대까지 천천히 정리되어 왔습니다. 이러한 정리 작업에는 리처드 파인만(Richard Feynman, 1918~1988)이나 겔만과 같은 세기적인 물리학자들이 가담했고, 이탈리아 탐사대도 대거 참여했습니다. 입자이론을 정립한 결과 양자역학을 바탕으로 한 '기본 입자의 표준 모형'이라는 다소 문장학적인 이름의 복잡한 이론이 탄생했습니다. 1970년대에 정립된 이 '표준 모형'은 이전에 예측한 내용들을 확인하는 수많은 실험을 통해 입증됐습니다. 초기에는 1984년 이탈리아의 카를로 루비아(Carlo Rubbia, 1934~)가 이 이론을 적용한 연구로써 노벨상을 수상했습니다. 그리고 2013년 힉스 입자를 발견하면서 다시 한 번 이 표준 모형이 확인된 셈이지요.

"양자역학과 입자이론을 통해 우리는 세상이 안정되어 있는 곳이 아닌 불안정하며 끊임없이 나타나는 물질들이 떼를 지어 나타나는 곳임을 알게 되었습니다. 마치 1960년대 히피들의 세상처럼 말이지요."

그러나 그 많은 실험들이 연달아 성공했음에도 물리학자들은 이 표준 모형을 진지하게 다룬 적이 단 한 번도 없었습니다. 첫눈에 보기에는 어딘지 부족하고 이것저것 끼워 맞춘 것 같은 이론이었기 때문입니다. 실제로 이 이론은 명확한 규칙도 없이 여러 내용과 공식을 한데 모아 만든 것이기는 합니다. 특정한 힘에 의해 [왜 굳이 특정한 힘이어야 할까요?] 몇 가지 전자기장들이 [왜 꼭 이 전자기장들이어야 할까요?] 서로 상호작용을 한다는 논리가 어설퍼 보이기는 했을 것입니다. 게다가 일반상대성이론이나 양자역학과 같은 간결함은 찾아볼 수도 없었으니 말입니다.

표준 모형의 방정식이 세상을 예측하는 방식 자체도 우스꽝스러울 정도로 복잡합니다. 이 이론의 방정식들을 직접적으로 사용하면 계산한 값이 모두 끝없이 커지는 아무 의미 없는 결과가 나옵니다. 이 이론에서 의미 있는 결과를 얻으려면 공식에 들어가는 매개변수들이 무한하게 크다고 가정해야 합니다. 그래야 터무니없는 결과가 아닌 균형 있고 합리적인 결과를 얻을 수 있지요. 이처럼 복잡하고 괴상한 과정을 전문 용어로 '재규격화(renormalization, 되맞춤)'라고 부릅니다. 실제로 이런 절차가 효과가 있기는 하지만 세상이 단순하기를 바라는 사람에게는 여전히 내키지 않는 부분이 있습니다.

아인슈타인 이후 20세기 최고의 과학자이자 양자역학 설계자이며 최초로 주요 표준 모형 방정식을 만든 영국의 이론물리학자 폴 디랙(Paul Dirac, 1902~1984)은 생을 마감하기 전 몇 년 동안 "우리는 아직 문제를 해결하지 못했어."라며

이 이론에 대한 자신의 불만을 수차례 드러내곤 했습니다.

그리고 이 표준 모형에는 또 한 가지 눈에 띄는 결함이 있습니다. 천문학자들은 은하들 주위의 거대한 물질 무리의 영향력을 관찰한 결과, 이것들이 별을 끌어당기고 빛을 굴절시키는 중력을 지닌다는 사실을 알아냈습니다. 하지만 우리가 이 거대한 무리의 중력 효과를 관찰한다 해도 이 무리를 직접 눈으로 볼 수 있는 것은 아니고 어떻게 만들어지는지도 알 수 없습니다. 이제까지 수많은 가설을 세워 연구했지만 그 어떤 것도 믿을 만하지는 않은 것 같습니다. 지금으로서는 무언가가 있다는 것은 분명하지만 그것이 무엇인지는 모릅니다. 그래서 이 거대한 무리는 '암흑 물질'이라고 불리지요. 표준 모형으로 설명이 된다면 언젠가 우리가 볼 수도 있을 텐데 그렇지 못한 물질인 것으로 보입니다. 원자도 아니고 중성미자도 아니고 광자도 아닌 그 무엇….

물리학과 철학에서 인간이 상상하는 것보다 더 많은 것들이 하늘과 땅에 존재한다고 해서 그리 놀랄 일은 아닙니니다. 전자기파나 중성미자가 우주를 가득 채우고 있는데도 몇 년 전까지 우리는 '설마 이러한 것들이 존재할까.'라는 의구심도 품어본 적이 없으니 말이지요.

그래도 표준 모형은 우리가 이 세상의 물질을 설명할 수 있는 가장 좋은 수단입니다. 표준 모형에서 예측한 것들은 모두 확인이 되었으며, 암흑 물질을 제외하고는 [일반상대성이론에서 시공간 곡선으로 설명했던 중력도 제외하고 말이지요.] 우리 눈에 보이는 이 세상의 모든 모습을 꽤 잘 설명할 수 있습니다. 이 표준 모형을 대체할 이론들이 제시되기도 했지만 실험으로 확인되지 못해 퇴출되고 말았습니다.

예를 들어 1970년대에 제시된 SU(5)라는 전문적인 이름의 이론은 상당히 간단하고 재미있는 구성을 보여주어 표준 모형의 무질서한 방정식을 대체했었습니다. 이 이론은 양성자가 어떠한 조건이 갖추어졌을 때 분해된다는 것을 전제로 훨씬 더 가벼운 입자로 변형될 수 있다고 예측했습니다. 양성자가 실제로 분해되는 것을 관찰하기 위해 이탈리아를 포함한 여러 나라의 물리학자들은 평생을 바쳤고, 이를 위해 거대한 기계들이 만들어졌습니다. [양성자가 분해되는 데 너무 오랜 시간이 걸리기 때문에 자주 볼 수는 없습니다. 수 톤의 물을 끌어와 고감도 분해물 검출기 주위에 둬야 하는 까다로운 과정을 거쳐야 합니다.] 하지만 안타깝게도 그 어떤 양성자도 한 번도 분해되는 모습을 보여주지 않았습니다. 그 멋진 SU(5) 이론도 무척 우아하기는 했지만 은혜로운 하느님의 마음에는 들지 않았던 모양입니다.

"인간의 상상력 밖에 그 무엇이 하늘과 땅에 존재한다고 해서 그리 놀랄 일은 아닙니다. 몇 년 전까지 우리는 '설마 이러한 것들이 존재할까.'라는 의구심조차 품어본 적이 없으니 말이지요."

그런데 현재 '초대칭(supersymmetry)'의 성질을 지닌 새로운 입자 계층이 존재한다고 보는 이론들이 나타나 비슷한 역사가 반복되고 있습니다. 나는 물리학자가 된 후부터 지금까지 동료들로부터 언젠가는 이러한 입자들을 분명히 볼 수 있을 거라는 말을 계속 들어왔습니다. 그러나 유감스럽게도 수많은 날이 지나고 몇 달, 몇 해가 흘러도 아직까지 이 입자들은 나타나지 않았습니다. 물리학이 언제나 성공만

하는 학문은 아닌 모양입니다.

우리는 아직도 표준 모형에서 벗어나지 못하고 있습니다. 표준 모형은 그리 우아하지는 않지만 앞뒤가 매우 잘 맞고 우리 주변의 세상을 효과적으로 설명해줍니다. 그런데 잘 생각해보면 다른 것에 비하면 표준 모형은 우아한 편에 속할 수도 있습니다. 어쩌면 아직도 표준 모형을 올바른 관점에서 바라보지 못하고 그 단순함을 이해하지 못하는 인간이야말로 우아하지 못한 존재일 수 있으니 말이죠. 현재로서는 물질에 대해 우리가 아는 것은 이것뿐입니다. 우리 눈에는 아무것도 없는 것 같아 보이지만 끊임없이 탄생과 소멸을 거듭하는 몇 종류의 기본 입자들이 진동과 함께 우주 공간에 무리를 지어 나타난다는 것입니다. 이 입자들은 마치 우주 문자처럼 다양한 조합을 이루며 수많은 은하와 별, 우주 광선, 태양빛, 산, 숲, 들판, 심지어는 파티를 즐기는 젊은 이들의 미소와 별이 총총히 박힌 어두운 밤하늘의 거대한 역사까지도 설명해주고 있습니다.

"양자중력이론에서 설명하는 세상은 우리에게 익숙한 세상과는 상당히 거리가 있습니다. 세상을 '수용'하는 공간도 없고 다양한 사건들이 일어나는 긴 시간도 존재하지 않습니다. 그저 공간 양자와 물질이 계속 서로 상호작용을 하는 기본적인 과정만 있습니다. 우리 주위를 계속 맴도는 공간과 시간의 환영은 이 기본적인 과정들이 무더기로 발생할 때의 희미한 모습입니다. 그러니까 고산지대의 어느 조용하고 맑은 호수는 사실 무수히 많은 아주 작은 물 분자들이 빠른 속도로 춤을 추어 만들어진 것입니다."

다섯 번째 강의

공간 입자

어둡고 우아하지도 않고 아직 겉으로 드러나는 문제들이 있기는 하지만 내가 앞에서 언급한 물리학 이론들은 예전에는 단 한 번도 설명되지 못했던 세상을 조금 더 제대로 이해할 수 있게 해줬습니다. 그러니 어느 정도는 이 이론들에 만족해야 하는데, 우리는 그렇지 못합니다.

우리 물리학계 지식의 중심에서는 역설적인 상황이 펼쳐지고 있습니다. 20세기는 우리에게 앞에서 말한 두 가지 보석, 일반상대성이론과 양자역학을 남겨주었습니다. 일반상대성이론의 경우 우주학과 천체물리학, 중력파와 블랙홀 연구를 비롯한 수많은 학문을 발전시켰지요. 한편으로 양자역학은 원자물리학과 핵물리학, 기초입자물리학, 응집물질물리학을 비롯한 수많은 학문의 바탕이 됐습니다. 신의 선물과 같은 이 두 가지 소중한 이론들은 현대 과학기술의 뿌리가 되어 우리 삶의 방식까지 바꿔놓았습니다. 그러나 이 두 가지 이론은, 적어도 현재의 형태로는 서로 모순되기 때문에 동등한 평가를 받을 수는 없습니다.

오전에는 일반상대성이론 강의를, 오후에는 양자역학 강의를 듣는 대학생이 있다고 해봅시다. 이 학생은 필시 두 강의의 교수들이 어리석거나, 학생들에게 한 세기 전부터 이어져 온 완전히 다른 두 세상에 대해 가르치고 있다는 사실을 솔직히 털어놓지 않고 있다고 생각할 것입니다. 오전에는 모든 것이 연속적인 곡선 공간이었던 이 세상이 오후에는 에너지 양자들이 불연속적으로 점프하는 평평한 공간이 되는 것입니다.

"오전에는 모든 것이 연속적인 곡선 공간이었던 세상이, 오후에는 에너지 양자들이 불연속적으로 점프하는 평평한 공간이 된다는 물리학의 모순된 역설, 어떻게 보아야 할까요?"

그런데 묘하게도 두 이론 모두 놀라울 정도로 잘 맞아떨어집니다. 옛날 이야기 중에 어느 나이 많은 랍비가 두 남자의 말다툼을 말리는 내용이 있습니다. 자연은 우리에게 바로 이 랍비처럼 행동하고 있습니다. 그 랍비의 이야기를 살펴봅시다. 랍비는 첫 번째 남자의 이야기를 듣고 "당신 말이 맞군요."라고 말합니다. 그러자 두 번째 남자가 자기 말도 들어보라며 떼를 썼고, 그의 말을 들은 랍비는 이번에도 "당신 말도 맞군요."라고 말했습니다. 그러자 옆방에서 이들의 대화를 엿듣고 있던 랍비의 아내가 소리쳤습니다. "양쪽 다 맞을 수는 없는 거잖아요!" 랍비는 아내의 말을 듣고 생각을 해보더니 고개를 끄덕였습니다. "당신 말도 맞구려."

현재 한 이론 물리학자 단체는 5개 대륙으로 흩어져 일반상대성이론과 양자역학의 모순을 해결해보려고 온갖 노력을 기울이고 있습니다. 이런 연구 분야를 '양자중력'이라고 하는데, 이 학문의 목적은 여러 방정식의 총체이자, 특히 이 세상에 대한 관점이 일관된 이론, 이를테면 정신분열증까지 해결될 수 있는 이론을 찾는 것입니다.

물리학계에서 두 가지 이론이 완전히 상반된 내용임에도 동시에 대성공을 거둔 예는 이것이 처음은 아닙니다. 지나온 역사를 살펴보면 오히려 이렇게 상반된 이론들을 통합하고자 하는 노력이 이 세상을 이해하는 데 큰 도움을 주어 격찬을 받은 경우가 많습니다. 뉴턴의 경우 갈릴레오의 포물선과 케플러의 타원을 조합해 만유인력을 찾아냈습니다. 맥스웰은 전기이론과 자기이론을 조합해 전자기 방정식을 찾아냈고, 아인슈타인은 전자기와 역학 사이의 심각한 모순을 해결하려다 상대성이론을 발견했습니다. 이 때문에 물리학자는 성공적인 이론들 사이의 모순을 찾는 것을 좋아합니다. 이름을 알리는 발판으로 삼을 좋은 기회이기 때문이지요. 그렇다면 우리가 상대성이론과 양자역학, 이 두 가지 이론을 통해 발견한 것과 세상이 호환될 수 있도록 하는 구조적인 개념을 구상할 수 있을까요?

저기, 현재 지식의 가장자리 저 너머에서 과학은 점점 더 아름다워지고 있습니다. 불꽃이 튀는 아이디어의 용광로 속에서 통찰력과 도전 정신이 탄생합니다. 물론 한때 열정적으로 뛰어들었으나 포기하게 된 길도 많습니다. 하지만 이제까지 상상도 하지 못했던 일들을 상상하고자 하는 노력은 계속되고 있습니다.

20년 전에는 정말 짙은 안개가 끼어 있었습니다. 그렇지만 지금은 열정과 낙천주의를 불러일으키는 길들이 존재합니다. 그 길이 하나가 아닌 여럿이라 해서 문제가 해결되리라고 말할 수는 없습니다. 연구에 대한 열정이 급증하면 이의 제기가 뒤따르기 마련이지만 이때의 논쟁은 건전합니다. 안개가 걷힐 때까지 비평과 반대 의견이 나온다는 것은 바람직한 일입니다. 두 이론 사이의 모순을 해결하고자 하는 연구는 여러 나라에서 수많은 연구가들이 루프양자중력을 발전시키는 방향으로 이어가고 있으며, 이러한 발전에 기여한 인물들 중에는 아주 총명한 이탈리아 청년들[전 세계 대

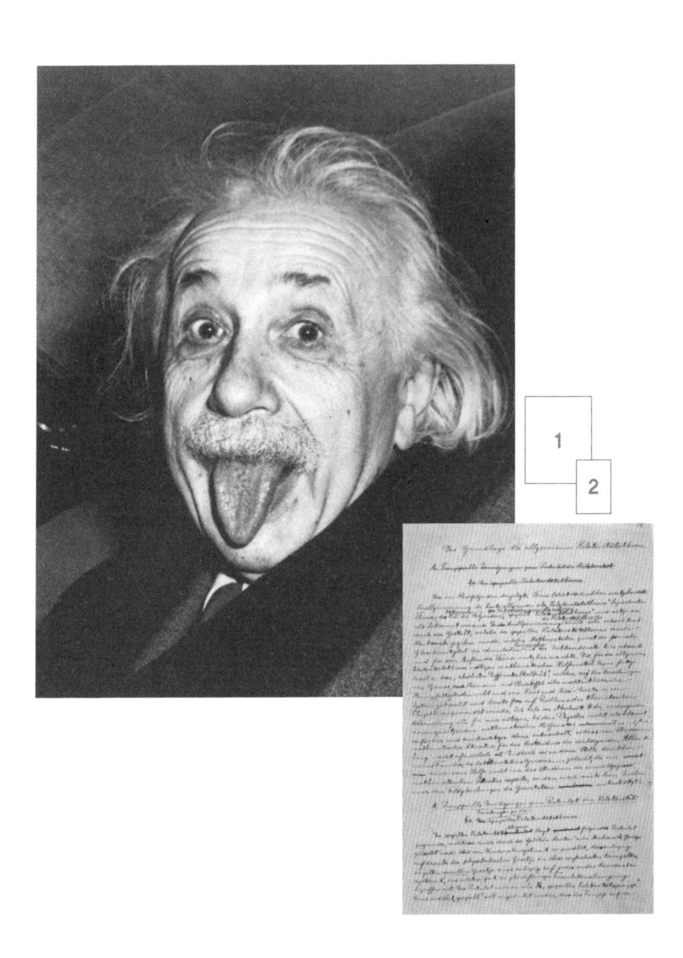

1 알베르트 아인슈타인. 역사의 흐름 속에서 놀랍게 도약해온 우리의 모든 지식 중에서 아인슈타인이 발전시킨 지식은 단연 특별하다. 아인슈타인의 이론은 일단 어떻게 작동하는지만 이해하면 말도 못하게 간단하다. 아인슈타인은 일상 속에서 탁해진 우리의 진부한 시선보다 훨씬 더 맑은 시선으로 현실을 바라볼 줄 아는 천재였다.

2 1915년, 일반상대성이론 발표. 인류가 남긴 수많은 걸작들은 우리가 이 세상을 새로운 시선으로 다시 볼 수 있게 해준다. 알베르트 아인슈타인이 창조한 보석인 일반상대성이론도 물론 그중 하나이다.

3	4
5	

3 아이작 뉴턴. 아인슈타인의 상대성이론은 발표와 동시에 찬사를 받기는 했지만 우리가 알고 있는 중력, 즉 사물을 추락시키는 힘과 논리적으로 충돌했다. 아인슈타인은 위대한 과학의 아버지 아이작 뉴턴의 이론으로서 세상 최고의 이론으로 군림해왔던 만유인력의 법칙을 다시 연구함으로써 상대성이론과 양립할 방법을 모색했다.

4 독일의 물리학자 막스 플랑크의 1933년 모습. 그는 뜨거운 열상자 속에서 균형 상태에 있는 전기장을 최초로 계산한 인물로서 전기장의 에너지가 '양자'와 같은 덩어리 형태로 분포되어 있을 것이라고 상상하며 양자역학의 새로운 길을 만들어냈다.

5 닐스 보어와 알베르트 아인슈타인. 아인슈타인은 보어의 양자역학에 관한 불확정성 원리에 여러 차례 이의를 제기했고, 보어의 반박이 거듭됐다. 결국 아인슈타인은 보어의 이론이 이 세상을 이해하는 데 엄청난 기여를 했다는 것은 인정했지만, 좀 더 합리적인 설명이 필요하다는 믿음을 버리지 못했다.

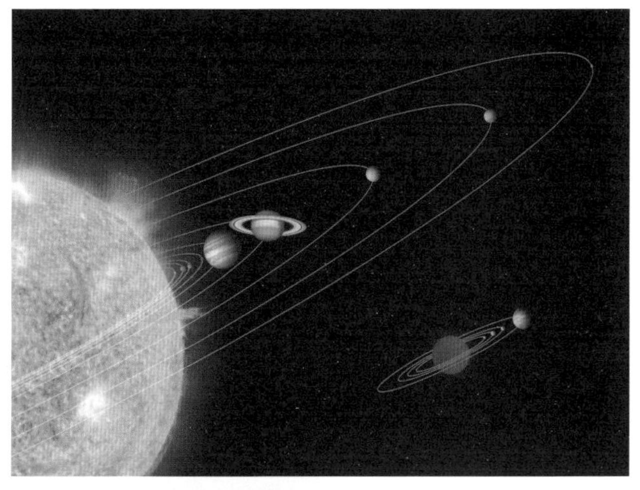

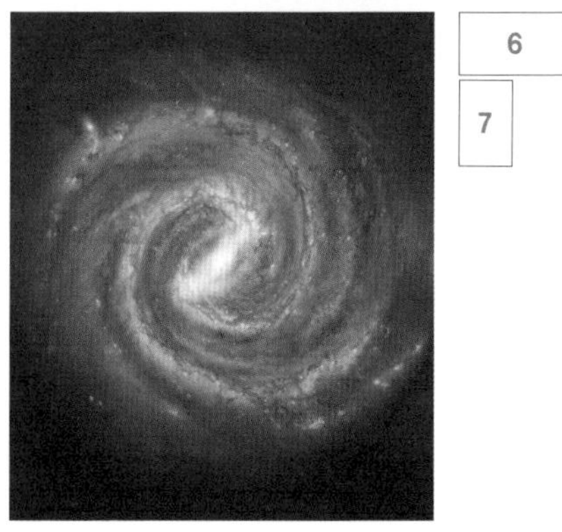

6

7

6 코페르니쿠스는 고대에 이미 구상되었으나 버려졌던 아이디어에 착안하여, 행성들의 무도회의 중심에 있는 것이 지구가 아니라 태양이라는 것을 발견하고 이를 증명해냈다. 이때부터 우리 지구는 다른 행성과 다를 바 없는, 매우 빠른 속도로 스스로 회전하며 태양의 주위를 도는 행성이 되었다.

7 우리가 살고 있는 은하수. 우리는 거대한 은하와 별들의 바다에서 한없이 작고 보잘것없는 존재에 불과하다. 천문학자들은 우리의 은하 역시 수천, 수백만 개의 은하로 이루어진 거대한 은하 구름 속에 있는 먼지 알갱이 같은 존재일 뿐이라는 사실을 증명해냈다.

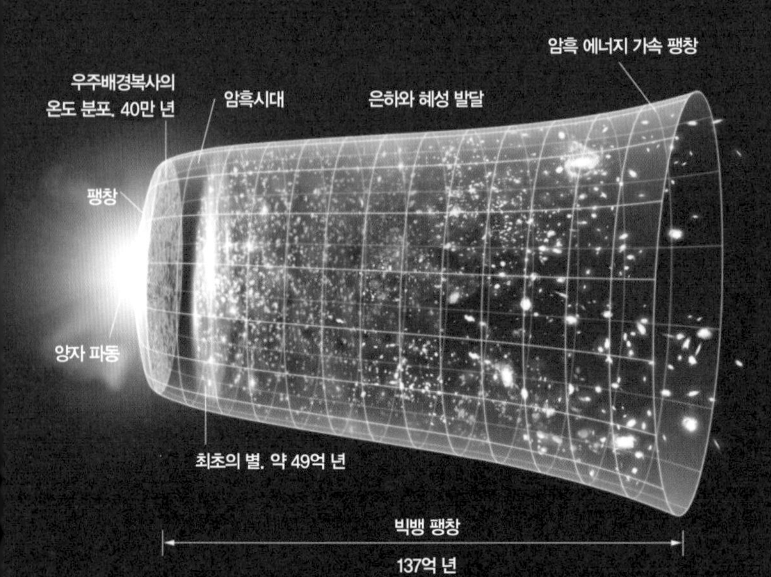
암흑 에너지 가속 팽창
우주배경복사의
온도 분포. 40만 년
암흑시대
은하와 혜성 발달
팽창
양자 파동
최초의 별. 약 49억 년
빅뱅 팽창
137억 년

8	10
9	

8 가장 최근에 공개된 지구 사진. NASA가 2009년 쏘아 올린 달 정찰 궤도선(LRO·Lunar Reconnaissance Orbiter)이 2015년에 달에서부터 134km 떨어진 채 '달 지평선에서 떠오르는 지구'를 찍은 것으로 사진에 보이는 지구는 영롱한 푸른빛을 내뿜고 있다.

9 빅뱅의 팽창 전개도.

10 블랙홀 시그너스 X선 천체 상상도. 백조자리 X-1은 1964년에 발견된 최초의 블랙홀이며, 지구에서 관측되는 X선 천체 중 가장 강력한 천체이다. 백조자리 X-1의 질량은 대략 8.7 태양 질량으로, 이는 지금껏 관측된 어떤 천체보다도 밀도가 높은 것이다. 직경 28km 이내에 있는 어떤 물질도 빨려 들어간다.

11

12

11 안드로메다은하의 X선 방출 모습. 은하에는 블랙홀과 중성자별이 존재하는데 이 천체 중 하나가 다른 별과 쌍성계를 이루면 가스 등 주위 물질들이 뜨거워져 강력한 X선을 만들어낸다. 안드로메다에는 극단적으로 많은 별들이 존재하는데 이는 우리 은하와는 다르게 형성됐을 가능성을 말해준다.

12 빅뱅 이후 9억 년이 지난 시점에 만들어진 것으로 추정되는, 태양보다 120억 배나 큰 고대 블랙홀. 만약 태양이 연소를 멈추고 블랙홀이 된다면, 이 블랙홀의 지름은 약 1.5킬로미터 정도가 될 것으로 추정된다. 태양을 구성하던 모든 물질이 계속 쪼그라들어 결국 '플랑크의 별'이 된다. 이때 태양 물질, 곧 '플랑크의 별'의 크기는 원자와 비슷하다. 태양 물질 전체가 원자 하나의 공간 속에 응집되는 것이다.

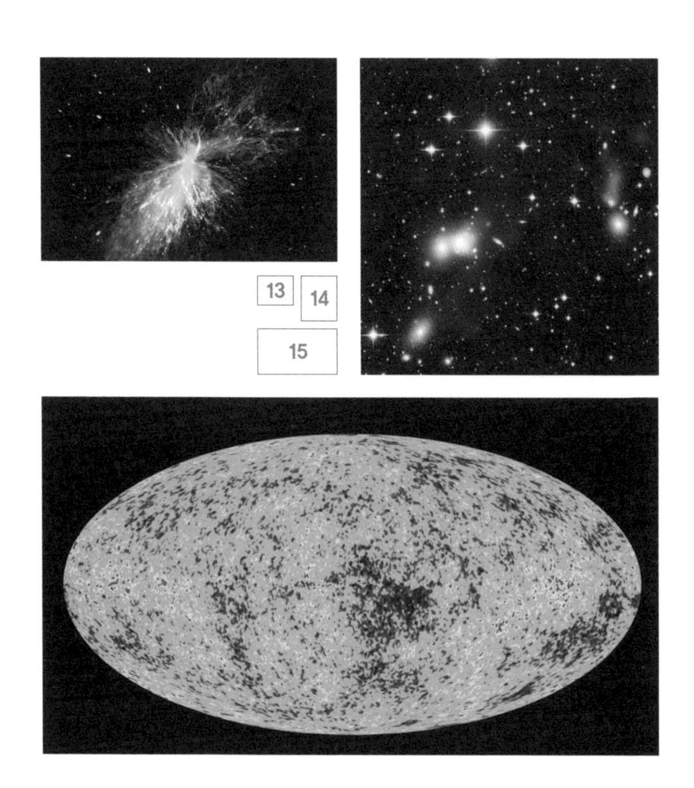

13 아인슈타인의 방정식은 공간이 정지된 상태로 있을 수 없으며 항상 확장하고 있다고 지적했다. 1930년 우주의 팽창은 실제로 관측됐고, 아인슈타인은 자신의 방정식을 통해 우주의 팽창이 아주 작지만 매우 뜨거웠던 젊은 우주의 폭발, 이름하여 '빅뱅(Big Bang)'에 의한 것이라고 예측했다.

14 찬드라 X-선 망원경에 의해 지구로부터 7억 광년 떨어진 은하단에서 관측된 혜성 형태로 발현된 X-선 꼬리의 모습. 사진에서 푸르게 보이는 부분이 X-선 영역이다.

15 우주배경복사(cosmic microwave background). 광학 망원경으로 관찰한 우주는 빈 어둠뿐이지만, 전파 망원경을 통해 관찰하면 우주 초기의 뜨거운 고밀도 상태에서 뿜어져 나온 빛, 즉 배경복사가 우주 모든 방향으로부터 균일하게 뿜어져 나오는 것을 확인할 수 있다. 우주배경복사는 빅뱅 우주론의 중요한 증거이다.

16
17

18

16-17 인공위성에서 본 지구와 끝없이 펼쳐진 우주의 모습. 지구는 우리 누구에게나 특별한 존재이다. 그러나 거대한 은하와 별들의 바다에서 우리의 지구는 한없이 작고 보잘것없는 존재이다. 우주를 구성하는 무수한 형태의 변화들 사이에서 우리의 지구는 수많은 점 중 하나일 뿐이다.

18 지극히 인간적이라고 해서 우리가 자연과 구분되는 것은 아니다. 이 또한 우리의 자연이기 때문이다. 자연은 여기, 우리 지구에서 자신의 일부들과 상관관계를 맺어 서로 영향을 끼치고 정보를 교류하면서 끝없이 조합하는 방식으로 존재한다. 자연은 우리로서는 상상조차 불가능한 형태로 무한한 우주 공간에 존재하고 있을 것이다. 저 위, 우주에 정말 드넓은 공간이 존재하는데, 변두리 구석에 위치한 평범하기 짝이 없는 이런 은하에 무엇인가 특별한 것이 있을 거라는 생각은 어리석은 것이다.

사진 출처_nasa.gov

학에 재학 중인 학생들]도 다수 포함돼 있습니다.

루프양자중력이론은 일반상대성이론과 양자역학을 결합하려는 시도에서 나온 것으로, 두 가지 이론이 서로 호환될 수 있도록 적절하게 재작성된 내용 이외에 다른 가설은 전혀 사용되지 않았습니다. 하지만 연구를 하면서 현실의 구조를 근본적으로 변경한 급진적인 시도이기도 합니다.

루프양자중력이론의 개념은 간단합니다. 일반상대성이론은 공간이 생기 없는 딱딱한 상자가 아니라 무언가 역동적인 것이라고 설명합니다. 말하자면 우리가 존재하는 이 공간이 유동성 있는 거대한 연체동물과 같아서 압축이 될 수도, 비틀어질 수도 있다는 것입니다. 한편 양자역학은 모든 종류의 장이 '양자로 이루어지고' 미세한 과립 구조를 가지고 있다고 설명합니다. 그리고 물리적 공간 역시 '양자로 이루어져 있다'고 봅니다.

루프양자중력이론의 핵심은 공간은 연속적이지 않으며

"루프양자중력이론의 핵심은 일반상대성이론과 양자역학을 결합하려는 시도에서 나온 것으로, 공간이 연속적이지 않으며 무한하게 나누어지지도 않지만 알갱이로 구성되어 있다는 것입니다."

무한하게 나누어지지도 않지만 알갱이로, 즉 '공간 원자'로 구성되어 있다는 것입니다. 이 원자들의 크기는 원자핵 중에서 가장 작은 원자핵보다 수십, 수천억 배나 작은 아주 미세한 크기입니다. 루프양자중력이론은 수학적 형식으로 이러한 '공간 원자'와 원자들의 진화를 정의하는 방정식을 설명합니다. '루프(loop)', 즉 '고리'라고 부르는 이유는 모든 원자가 고립되어 있는 것이 아니라 다른 비슷한 것들과 '고리로 연결'되어 공간의 흐름을 이어주는 관계 네트워크를 형성하기 때문입니다.

그렇다면 이 공간 양자들은 어디에 있을까요? 어느 부분에도 없습니다. 양자들은 그 자체가 공간이기 때문에 공간 속에 있지 않습니다. 공간은 각각의 양자들을 통합하여 만들어집니다. 이렇게 되면 다시 한 번 세상이 단순한 물체가 아닌 어떠한 관계처럼 보이게 됩니다.

하지만 이 이론의 두 번째 결과는 매우 극단적으로 나옵니다. 사물을 수용하는 연속적인 공간에 대한 개념이 사라지자, 사물과는 별개로 흐르는 기본적, 기초적인 '시간'에 대한 개념도 사라졌습니다. 공간과 물질의 입자를 설명하는 방정식들이 더 이상 '시간'의 변화를 수용할 수 없게 된 것입니다.

그렇다고 해서 모든 것이 움직이지 않고 변화하지 않는다는 이야기는 아닙니다. 반대로, 변화가 편재하지만 그 기본적인 과정들이 평범한 시간[순간]의 흐름에 따라 정리될 수는 없습니다. 아주 작은 규모의 공간 양자들 속에서 자연은 단 한 명의 오케스트라 지휘자의 지휘에 맞춰, 단 하나의 시간의 흐름에 맞춰 리듬을 타 춤을 추지는 않는 것입니다. 모든 자연의 춤은 이웃해 있는 것들과는 상관없이 자신만의 리듬에 따라 진행됩니다. 시간의 흐름은 세상 안에 있고, 그 세상 안에서 그리고 양자들 간의 관계에서 만들어집니다. 따라서 이 양자들 간에 발생하는 사건들이 곧 이 세상이고 그 자체가 시간의 원천이지요.

양자중력이론에서 설명하는 세상은 우리에게 익숙한 세상과는 상당히 거리가 있습니다. 세상을 '수용'하는 공간도 없고 다양한 사건들이 일어나는 긴 시간도 존재하지 않습니다. 그저 공간 양자와 물질이 계속 서로 상호작용을 하는 기본적인 과정만 있습니다. 우리 주위를 계속 맴도는 공간과 시간의 환영은 이 기본적인 과정들이 무더기로 발생할 때의 희미한 모습입니다. 그러니까 고산지대의 어느 조용하고 맑은 호수는 사실 무수히 많은 아주 작은 물 분자들이 빠른 속도로 춤을 추어 만들어진 것입니다. 이 책의 세 번째 강의 중 마지막에서 두 번째 그림을 아주 가까이에서 고배율 확대경으로 비추어보면, 공간의 입자 구조를 살펴볼 수 있을 것입니다.

양자중력이론을 실험으로 확인할 수 있을까요? 나를 비롯한 다른 과학자들도 그것이 궁금해서 실험을 계속하고는 있지만 아직 확인된 증거는 없습니다. 하지만 이런 과정에서 나온 아이디어는 무척 다양합니다.

어떤 아이디어가 있었는지 살펴봅시다. 먼저 블랙홀 연구와 동시에 진행할 수 있는 실험에 대한 아이디어가 있었습니다. 요즘에는 붕괴된 별 때문에 만들어진 블랙홀을 관찰할 수 있습니다. 별을 구성하던 물질이 블랙홀 안으로 빨려 들어가 물질 자체의 무게에 짓눌렸다가 우리의 시야에서 사라집니다. 그런데 어디로 사라지는 걸까요?

루프양자중력이론이 맞는다면, 물질은 무한한 어느 한 지점에서 실제로 붕괴될 수는 없을 것입니다. 무한한 지점이란 존재하지 않기 때문이지요. 공간에서 존재하는 것은 유한한 영역뿐입니다. 자신의 무게에 짓눌린 물질은 밀도가 점점 더 높아지고, 양자역학이 반대 압력을 발생시킬 필요 없이, 스스로의 무게를 상쇄할 수 있는 상태에 이릅니다. 이처럼 수명이 다한 별의 마지막 상태를 가상으로 설정한 것을 '플랑크의 별'이라고 부르는데, 여기에서는 시공간의 양자 파동에 의해 발생한 압력이 물질의 무게 균형을 맞춥니다. 만약 태양이 연소를 멈추고 블랙홀을 만든다면, 이 블랙홀의 지름은 약 1.5킬로미터 정도가 될 것입니다. 그 안에서 태양을 구성하던 모든 물질이 계속 가라앉아 결국 플랑크의 별이 됩니다. 이때 태양 물질, 곧 플랑크의 별의 크기는 원자와 비슷합니다. 태양 물질 전체가 원자 하나의 공간 속에 응집되는 것입니다. 이처럼 물질이 극단적인 상태가 되면 플랑크의 별이 만들어집니다.

플랑크의 별은 안정적이지 않습니다. 일단 최대로 압축되면 튕겨 올라 다시 팽창하기 시작하고 이것이 블랙홀을 폭발 상태에 이르게 하는 것입니다. 만약 가상의 관찰자가 블랙홀 안의 플랑크의 별 위에 앉아 이것을 관찰한다면 이 과정이 한 순간의 점프처럼 매우 빠르게 느껴질 것입니다. 하지만 바다에서보다 산 위에서 시간이 더 빨리 흐르는 것과 같은 이유로, 이 가상의 관찰자와 블랙홀 외부에 있는 사람에게는 시간이 같은 속도로 흐르지 않습니다. 이처럼 시간의 흐름에 차이가 발생하는 것은 극단적인 조건이 만들어졌기 때문인데, 플랑크의 별에 앉아 있는 관찰자에게는 도약의 순간이 아주 짧지만 블랙홀 밖에서 보는 사람에게는 아주 길게 느껴질 것입니다. 그래서 과학자들은 블랙홀이 아주 오랜 시간 현재의 모습을 유지하리라고 예상하고 있습니다. 블랙홀은 바깥에서 보면 매우 느린 속도로 도약하는 별이기 때문입니다.

블랙홀은 우주가 탄생한 순간에 만들어졌을 수도 있습니

다. 그리고 그때 만들어진 블랙홀 중 일부는 지금도 폭발하고 있을지 모릅니다. 정말 그렇다면, 우리는 폭발을 하면서 고 에너지 우주 광선 형태로 방출돼 하늘에서 내려오는 신호를 관찰하고, 더불어 양자중력 현상의 직접적인 영향력도 관찰하고 측정할 수도 있을 것입니다. 고무적인 아이디어이기는 하지만, 초창기 우주에 현재 우리가 폭발하는 것을 볼 수 있을 정도로 블랙홀이 많이 만들어지지 않았을 수도 있기 때문에 관찰이 불가능할 수도 있습니다. 그래도 이 신호를 찾는 연구는 이미 시작됐으므로 앞으로 어떻게 될지 두고 봐야 합니다.

양자중력이론 중에서 우주의 시작에 관한 아주 독특한 이론이 하나 있습니다. 우리는 이 세상이 아주 작았던 초기 우주부터 그 역사를 재구성할 수 있습니다. 그런데 그 초기 우주 전에는 어땠을까요? 우주의 역사를 아주 오래전부터 재구성할 수 있게 된 것은 루프 방정식 덕분이었습니다.

우리가 알아낸 것은 우주가 극도로 압축된 상황에 양자

이론을 적용하면 빅뱅, 즉 '대폭발'이 일어나 '빅바운스(Big Bounce)'가 실제로 일어났을 가능성이 높다는 것입니다. 이 세상은 현재 이전의 우주에서 만들어졌을 수 있습니다. 이 과거의 우주가 그 자체의 무게 때문에 압축돼 아주 작은 공간 속에 짓눌리다가 결국 '재도약'을 한 후 다시 확장하기 시작해, 현재 우리 주위에서 관찰되는, 계속 확장하는 우주가 된 것이지요. 이 재도약의 순간, 우주가 호두 껍질만 한 공간 속에 압축되어 있을 때 진정한 양자중력의 왕국이 펼쳐집니다. 공간과 시간이 모두 사라지고 세상이 수많은 가능성의 구름 속에 녹아들어 있는 순간인 것입니다. 바로 이때

양자중력 방정식들이 설득력을 갖게 됩니다. 세 번째 강의 중 마지막에 게시한 그림이 앞 쪽 그림과 같이 바뀌는 것도 바로 이 순간입니다.

현재의 우주는 그보다 한 단계 전의 도약에서, 공간도 없고 시간도 없는 중간 단계를 통과하면서 탄생했을 수도 있습니다.

물리학은 우리가 더 멀리 내다볼 수 있는 창문을 열어줍니다. 그 창문으로 내다보면 놀라움을 금할 수 없는 세상이 펼쳐져 있습니다. 우리는 너무 많은 선입견을 가지고 있으며, 우리가 예측하는 세상의 모습은 지극히 부분적이고 확실치도 않습니다. 우리 스스로도 그런 것을 잘 알고 있지요. 세상은 우리 눈앞에서 조금씩 계속 변화하고 있고, 우리도 그런 변화를 느낍니다.

지구는 평평하지도 않고 멈춰 있지도 않습니다. 20세기에 물리학계에서 배운 지식을 모두 모아보면, 우리가 물질과 공간, 시간에 대해 본능적으로 느낀 것과는 무엇인가 근본적으로 다르다는 것을 알게 될 것입니다. 그 차이가 무엇인지를 알아내고 조금 더 멀리 내다보기 위한 시도가 바로 루프양자중력이론입니다.

"'시간의 흐름은 무엇일까요?'와 같은 의문을 갖다 보면 시간이 문제의 핵심이 됩니다. 이러한 문제는 고전 물리학에서 이미 언급되었고, 19세기부터 20세기까지는 철학자들의 주목을 받았지만, 현대 물리학에서는 상당히 예민한 문제가 됐습니다. 물리학은 사물이 '시간 변수'에 따라 어떻게 변화하는지를 말해주는 공식들을 가지고 이 세상을 설명합니다."

여섯 번째 강의

가능성과 시간,
그리고 블랙홀의 열기

이제까지 언급한 세상의 기본 구성 요소를 설명하는 위대한 이론들 이외에도 물리학계에는 또 하나의 거대한 성과로 볼 수 있는 이론이 있습니다. 이 이론은 다른 이론들과는 달리 이제까지 우리가 예상치 못한 질문 하나를 던집니다. 바로 '열이 무엇일까?'라는 질문입니다.

물리학자들은 19세기 중반까지 열이 '열기'라는 유동체의 일종이거나 온기와 냉기, 두 가지의 유동체라는 전제를 두고 연구했지만, 맥스웰과 볼츠만(Ludwig Boltzmann, 오스트리아의 물리학자, 1844~1906)은 이 전제가 잘못되었다고 주장했습니다. 이 두 과학자가 밝혀낸 것은 당시로서는 정말 신기하고 심오하다 못해 아름답기까지 했고, 우리를 이제까지 탐험하지 않은 영역으로 인도하는 것이었습니다.

두 학자는 뜨거운 물질이 열이 나는 유동체를 포함한 물질이 아니라는 것을 알아냈습니다. 뜨거운 물질에서는 원자들이 매우 빨리 움직입니다. 원자와 이 원자에 연결된 분자들이 무리를 형성해 달리고 진동하고 튕기는 등 빠른 속도로 계속 움직입니다. 반면 차가운 공기에서는 원자, 혹은 분자들이 천천히 이동합니다. 간단하지만 멋진 이론이 아닐 수 없습니다. 그런데 이게 다가 아닙니다.

열은 우리가 알고 있는 것처럼 언제나 뜨거운 것에서 차가운 것으로 이동합니다. 예를 들어 차가운 스푼을 뜨거운 차가 담긴 찻잔 속에 담그면 뜨거워집니다. 그리고 추운 날씨에 옷을 제대로 입지 않으면 몸에서 열이 금방 빠져 나가 추위를 느낍니다.

그렇다면 왜 열은 뜨거운 쪽에서 차가운 쪽으로만 이동하고 그 반대로는 이동하지 않는 걸까요?

이러한 의문은 날씨의 특성과 관련이 있기 때문에 아주 중요한데도, 열이 상호 교환되지 않는 것에 대해서는 항상 간과되는 경향이 있습니다. 이제까지 계속 그래왔기 때문에 앞으로도 분명히 이렇다 할 관심은 받지 못할 듯합니다. 예를 들어 태양계 행성들의 이동과 열은 거의 무관한 것처럼 생각되지만, 행성들의 움직임 자체에서도 열에 의해 물리 법칙에 대한 선입견을 깨는 사건이 발생할 수 있습니다. 열이 발생하는 순간부터 미래는 과거와 달라지기 시작합니다. 예를 들어 마찰이 없으면 진자는 영원히 왕복운동을 할 것입니다. 진자가 움직이는 모습을 녹화해서 역방향으로 틀어보면 끝없는 진동운동을 지켜볼 수 있을 것입니다. 그러나 마찰이 있으면, 진자는 그 마찰 때문에 지지대를 약간 가열시키면서 에너지를 잃고 움직이는 속도가 줄어듭니다. 마찰은 열을 생산합니다. 이 때문에 우리는 과거와 미래[진자의 속도가 느려지는 때가 미래]를 구분할 수 있습니다. 우리 눈으로 직접 관찰한 적은 없지만, 진자는 정지된 상태에서 출발해 왕복운동을 시작할 때 지지대의 열을 흡수해 얻은 에너지를 이용합니다.

과거와 미래의 차이는 열이 있을 때만 발생합니다. 과거와 미래를 구분하는 기본적인 현상은 열이 뜨거운 곳에서 차가운 곳으로 이동한다는 사실을 바탕으로 합니다.

그런데 왜 열은 뜨거운 곳에서 차가운 곳으로만 이동하고 그 반대로는 이동하지 않는 걸까요?

그 이유는 오스트리아의 물리학자 루트비히 볼츠만이 찾아냈는데, 의외로 아주 간단합니다. 그저 경우에 따라 다른 것이지요. 사실 볼츠만이 내놓은 개념은 확률이 적용되었을 뿐 그다지 정확하지는 않습니다. 열이 어떤 절대적인 법칙에 따라 뜨거운 곳에서 차가운 곳으로 이동하기는 하는데, 이것은 그저 확률적으로 그럴 가능성이 많다는 것입니다. 그 이유는 통계적으로 뜨거운 물질의 원자가 빠른 속도로 움직이다가 차가운 원자에 부딪히면서 약간의 에너지를 전달할

"열은 뜨거운 쪽에서 차가운 쪽으로만 이동하고 그 반대로 이동하지 않습니다. 그런데 이는 확률적으로만 그렇다는 것뿐입니다."

가능성이 많고, 반대로 차가운 원자가 뜨거운 원자에게 에너지를 남겨줄 가능성은 적기 때문입니다. 충돌을 할 때 에너지가 보존되기도 하지만, 충돌의 횟수가 많아지면 경우에 따라 어느 정도 골고루 분포되는 경향이 나타납니다. 이런 식으로 접촉 중인 물체들의 온도가 비슷해지게 됩니다. 그러나 뜨거운 물체가 차가운 물체와 접촉한 상태에 놓였을 때 더 뜨거워지는 일도 불가능하지는 않습니다. 그저 확률적으로 그럴 가능성이 적을 뿐이지요.

이렇게 가능성을 배경으로 한 개념을 물리학 이론의 핵심으로 삼아 열역학의 배경을 설명하려고 했으니 말도 안 되는 것처럼 보였던 것도 당연합니다. 이전에도 여러 번 그랬던 것처럼, 이번에도 볼츠만의 주장을 아무도 진지하게 들어주지 않았습니다. 결국 그는 전 세계가 자신의 생각을 옳다고 인정하는 것을 보지도 못한 채 1906년 9월 5일 이탈리아 트리에스테 인근의 두이노(Duino) 마을에서 목을 매달아 자살했습니다.

그런데 어쩌다가 확률이 물리학의 중심에 들어오게 됐을까요? 이 책의 두 번째 강의에서 양자역학이 모든 미세한 물질이 상황에 따라 어떻게 이동하는지 예측한다고 언급한 바 있습니다. 여기서도 그 가능성의 예측, 즉 확률이 이용되는 것입니다. 그러나 열과 관련된 가능성은 양자역학과는 근본적으로 다른 별개의 문제입니다. 열역학에서 말하는 가능성은 어떤 의미에서 보면 우리의 무지와 관련이 있습니다. 우리가 어떤 것에 대해 완벽하게 알지 못할 수 있지만, 그에 대한 최대한, 혹은 최소한의 가능성은 부여할 수 있습니다. 예를 들어 내일 내가 사는 이곳, 이탈리아의 마르실리아(Marsiglia)에 비가 올 것인지 맑을 것인지, 혹은 눈이 올 것인지 모르지만 지금이 8월이라면 적어도 내일 눈이 올 확률이 매우 낮다는 것쯤은 알 수 있습니다. 마찬가지로 물리학적 문제에서도 우리가 대부분 어느 정도의 상태는 알고 있지만 다 알지는 못하기 때문에 확률적인 예측만 할 수 있습니다. 공기가 가득 찬 풍선을 생각해보세요. 우리는 그 풍선의 형태와 체적, 압력, 온도 등 여러 가지를 측정할 수는 있습니다. 그러나 풍선 안의 공기 분자들이 그 안에서 얼마나 빠른 속도로 이동하고 있는지, 각각의 분자가 정확히 어떤 위치에 있는지는 모릅니다. 그렇기 때문에 이 풍선이 앞으로 어떻게 움직일지 정확히 예측할 수 없습니다. 그런 상황에서 풍선에 묶여 있던 줄의 매듭을 풀면, 풍선은 요란한 소리와 함께 바람이 빠지면서 우리가 예상할 수 없는 방향으로 이리저리 날아다니며 부딪힐 것입니다. 풍선의 형태와 체적, 압력, 온도만 아는 우리로서는 예상할 수 없는 것이 당연합니다. 풍선이 여기저기 부딪히는 것은 풍선 내부에 있는 분자들의 위치와 우리가 모르는 분자들의 상황에 따라 풍선의 움직임이 달라지기 때문입니다.

모든 것을 정확하게 예상할 수는 없지만 이런저런 상황이 발생할 가능성은 예상해볼 수 있습니다. 예를 들어 풍선이 창밖으로 날아가 저 멀리 등대 주위를 맴돌다가 처음 출발했던 지점인 이곳, 바로 내 손 위로 돌아올 가능성은 매우 희박합니다. 분자들이 충돌할 때 열이 뜨거운 쪽에서 차가운 쪽으로 이동할 확률은 계산할 수 있고, 한번 이동한 열이 원래의 자리로 되돌아올 가능성은 지극히 희박하다는 사실을 알기 때문입니다.

이러한 것들을 밝히는 물리학 분야가 통계 물리학이고, 볼츠만의 시대부터 통계 물리학계에서 성공을 거둔 것 중 하나가 열역학에서의 열과 온도의 특성에 대한 확률적 설명입니다.

언뜻 보기에는 우리가 정확히 알지 못하면서 이 세상의 습성과 관련된 무엇인가를 연구하는 것이 비이성적으로 보일 수 있습니다. 우리가 아는 것이 있든 없든, 찻잔 속에 잠긴 차가운 스푼은 뜨거워지고 풍선은 매듭을 풀어놓으면 이리저리 날아다닐 테니 말이지요. 우리가 아는지, 혹은 모르는지가 이 세상을 지배하는 수많은 법칙들과 무슨 상관이 있을까요? 의문스러울 수 있는 질문이지만 이에 대한 대답은 확실치 않습니다. 스푼이나 풍선은 자기들이 해야 하는 대로, 우리가 그에 대해 아는지 모르는지와 전혀 상관없이 물리 법칙에 따라 움직이기 때문입니다. 이 사물들의 운동에 대한 예측 가능성과 불가능성은 그것들의 정확한 상태를 우리가 아느냐와는 상관없습니다. 관련이 있는 것은 우리와 상호작용을 하는 사물의 한정적인 특성의 수준입니다. 이 특성의 수준은 우리가 스푼이나 풍선과 상호작용을 하는 방식에 따라 달라집니다. 따라서 예측 가능성은 사물 자체의 진화와도 관련이 없습니다. 다만 사물이 다른 사물과 상호작용을 할 때, 사물이 가진 특성의 각 부분이 얼마나 어떻게 진화하는지와 관계가 있습니다. 한 가지 덧붙이자면, 우리가 이 세상을 질서 있게 만들기 위해 사용하는 개념들은 자연과 깊은 관계에 놓여 있습니다.

차가운 스푼이 뜨거운 찻잔 속에서 따뜻해지는 이유는 차와 스푼이 상호작용을 하기 때문인데, 이때 차와 스푼의 미세한 상태[예를 들면 온도]를 특징짓는 수많은 변화 가능성 중에서 단 몇 가지 요인들로 인해 상호작용이 일어납니다. 이러한 요인들의 변화만으로 앞으로 일어날 사물의 움직임을 예상하기는 충분치 않지만, [풍선의 경우를 생각해보세요.] 스푼이 따뜻해질 거라는 가능성은 최대한 높여줄 수 있는 거지요. 내 설명이 조금 모호한 것 같네요. 이런 설명으로 독자 여러분의 주의가 산만해지지 않았으면 합니다.

20세기를 지나오는 동안 열에 관한 과학인 열역학과 통계역학, 즉 다양한 원인에 의한 가능성을 연구하는 과학, 이 두 가지 학문 분야는 전자기장과 양자 현상으로 확산됐습니다.

그런데 중력장으로의 확산은 까다로웠습니다. 열이 내부에 확산될 때 중력장이 보이는 현상은 아직도 풀지 못한 문제로 남아 있습니다. 우리는 뜨거운 상태의 전자기장에서 어떤 일이 일어나는지 알고 있습니다. 예를 들어 오븐 안에는 우리가 설명할 수 있는 뜨거운 전자기파가 있습니다. 이 전자기파들은 무작위로 진동하면서 에너지를 분배하는데, 뜨거운 풍선 속의 분자들처럼 빠른 속도로 움직이는 광자들로 이루어진 기체를 상상하면 될 것 같습니다. 그렇다면 뜨거운 중력장은 어떨까요? 중력장은 첫 번째 강의에서 본 것처럼 그 자체가 공간, 아니 시공간이라 열이 중력장에 확산되면 공간과 시간 그 자체가 진동을 합니다. 하지만 이 부분에 대해서는 아직 뜨거운 시공간의 열 진동을 설명할 수 있는 공식이 없어서 제대로 설명할 수 없습니다.

'시간의 흐름은 무엇일까?'와 같은 의문을 갖다 보면 시간이 문제의 핵심이 됩니다.

이러한 문제는 고전 물리학에서 이미 언급되었고, 19세기부터 20세기까지는 철학자들의 주목을 받았지만, 현대 물리학에서는 상당히 예민한 문제가 됐습니다. 물리학은 사물이 '시간 변수'에 따라 어떻게 변화하는지를 말해주는 공식들을 가지고 이 세상을 설명합니다. 한편 우리는 사물이 '위치 변수'에 따라 어떻게 변화하는지, 혹은 '버터 양의 변수'에 따라 리소토의 맛이 어떻게 변화하는지를 말해주는 공식을 쓸 수 있습니다. 시간은 '흐르는' 것처럼 보이는 한편, 버터의 양이나 공간의 위치는 '흐르지' 않습니다. 이들의 차이점은 어디에 있을까요?

이 문제를 다루는 또 다른 방법은 '현재'가 무엇인지 살펴보는 것입니다. 우리는 존재하는 것을 현재에 있는 것이라고 생각합니다. 과거는 [더 이상] 존재하지 않고 미래도 [아직] 존재하지 않습니다. 그러나 물리학에서는 '지금'이라는 개념과 일치하는 것이 하나도 없습니다. '지금'을 '여기'와 비교해보지요. '여기'는 말하는 사람이 위치한 장소입니다. 예를 들어 멀리 떨어져 있는 두 사람이 각자 '여기'라고 말한다면 이것은 서로 다른 두 장소를 의미합니다. 따라서 '여기'는 언급된 장소가 어디냐에 따라 그 의미가 달라지는 말입니다. [이런 종류의 단어를 전문용어로 '지시적' 단어라고 합니다.] 마찬가지로 '지금'도 말을 한 순간에 한정된 단어입니다. ['지금'도 지시적 용어입니다.] 어떤 사물이 '여기'에 없어서 존재하지 않는데 '여기'에 존재한다고 말할 사람은 아무도 없을 것입니다. 그런데 왜 우리는 '지금' 있는 것들은 존재하고 다른 것들은 아니라고 말하는 걸까요? '현재'는 '흐르고' 있고, 사물들이 하나씩 차례로 '존재하게 만드는', 이 세상에서 객관적인 그 무엇일까요, 아니면 '여기'처럼 주관적이기만 한 것일까요?

이 문제는 다소 기괴해 보일 수 있습니다. 하지만 현대 물리학에서는 특수상대성이론을 통해 '현재'의 개념이 주관적인 것으로 증명되었기 때문에 이 문제도 중요시됩니다. 물리학자들과 철학자들은 전 세계가 공통적으로 갖고 있는 현재에 대한 생각이 환상이며, 보편적인 시간의 '흐름'은 효력 없는 일반화라는 결론에 도달했습니다. 알베르트 아인슈타인은 절친했던 친구 미켈레 베소(Michele Besso, 1873~1955)가 죽었을 때 그의 누이에게 이런 글과 함께 감동적인 편지를 썼습니다.

'미켈레는 나보다 조금 더 일찍 이 기이한 세상을 떠났다. 이것은 아무 의미도 없다. 우리처럼 물리학을 믿는 사람들은 과거와 현재, 미래를 구분하는 것이 고질적으로 집착하는 환상일 뿐이라는 것을 알고 있다.'

아인슈타인의 말처럼 환상일 수도, 아닐 수도 있지만, 시간을 보내거나 시간이 지나는 것, 혹은 흘러가는 것은 무엇을 말하는 걸까요? 누구에게나 분명히 시간은 흐릅니다. 우리의 생각과 말은 시간 속에 존재하고 우리의 언어 구조 자체가 시간을 필요로 합니다. [예를 들면 '~이다', '~이었다', 혹은 '~일 것이다'라는 시제 표현이 그렇습니다.] 색이나 물질, 심지어 공간이 없는 세상도 상상할 수 있지만, 시간이 없다는 것은 상상하기 어렵습니다. 독일의 철학자 마르틴 하이데거(Martin Heidegger, 1889~1976)는 우리가 '시간을 사는 것'에 중점을 뒀습니다. 시간의 흐름, 즉 하이데거가 가장 중요시한 시간의 흐름을 빼고 이 세상을 설명할 수 있을까요?

하이데거의 열혈 추종자들을 포함한 일부 철학자들은 물리학이 가장 근원적인 현실의 모습은 설명할 수 없다는 결론을 내리고, 물리학을 오해를 불러일으키는 지식으로 격하했습니다. 그러나 오래전부터 정말 믿을 수 없는 것이 인간의 순간적인 예감이라는 것을 증명하는 일들은 수없이 많았습니다. 만약 우리가 이 순간적인 예감에 집착했다면 아직도 지구가 평평하고 태양이 지구의 주위를 돌고 있다고 생각하고 있을지도 모릅니다. 이러한 예감, 즉 직관들은 한정된 경험을 바탕으로 진화했습니다. 그렇기 때문에 조금 더 멀리 내다봐야 세상이 겉으로 보이는 것과 다르다는 사실을 알 수 있습니다.

예를 들어 지구가 둥글기 때문에 [이탈리아의] 지구 반대편인 케이프타운에서는 다리가 위쪽에, 머리는 아래쪽에 있다는 사실을 알 수 있는 것입니다. 합리적이고 신중하고 지혜로운 실험의 종합적인 결과보다 순간적인 예감을 더 믿는 것은 현명하지 못합니다. 작은 마을에 사는 노인이 마을 밖 거대한 세상이 자기가 이제까지 봐온 세상과 다를 수 있음을 믿지 않으려 하고 고집을 피우는 것과 똑같습니다.

"하이데거의 열혈 추종자들은 물리학이 가장 근원적인 현실의 모습을 설명할 수 없다는 결론을 내렸습니다. 그러나 이는 작은 마을에만 살아온 노인이 마을 밖 세상을 부정하는 것과 다름없습니다."

그렇다면 시간의 흐름을 생생하게 경험할 수 있는 곳은 어디일까요?

이 질문에 대한 답은 시간과 열의 밀접한 관계, 즉 열의 흐름이 있을 때에만 과거와 미래가 달라질 수 있다는 사실과, 열이 물리학적 확률과 관련되는 상황에서 찾을 수 있습니다. 이때 물리학적 확률은 인간과 세상의 다른 부분들의 상호작용이 현실의 미세한 부분들과 괴리되지 않는다는 조건을 만족해야 합니다.

시간의 흐름이 물리학에서 비롯된 것이 맞기는 하지만, 물리학에서는 사물의 상태를 정확하게 묘사할 때 시간의 흐름을 따지지는 않습니다. 그러나 통계학이나 열역학에서는 시간의 흐름을 나타낼 수 있습니다. 어쩌면 이러한 점이 시간의 미스터리를 푸는 실마리가 될 수 있을지 모릅니다. 객관적인 '여기'가 존재하지 않는 것처럼 아주 객관적인 상황에서는 '현재'가 존재하지 않습니다. 그러나 세상의 미세한 상호작용들이 하나의 체계[예를 들면 우리 자신]에 의해 시간적인 현상을 발생시키는데, 이때 이 체계는 무수한 변수들의 평균을 통해서만 상호작용을 합니다. 우리의 기억과 의식은 이러한 통계적인 현상에 의해 만들어지고, 이 현상들은 시간이 흐르면서 변화할 수 있습니다. 우리가 모든 것을 통찰할 수 있어서 아주 예리한 관점에서 바라본다고 가정하면, '흐르는' 시간은 존재할 수 없고, 우주는 과거와 현재, 미래의 장벽으로 보일 것입니다. 그러나 의식이 있는 존재인 우리 인간은 세상의 퇴색한 모습만 보기 때문에 시간을 살게 됩니다. 이 책의 편집자는 "분명한 것보다 불분명한 것이 훨씬 많다."고 했는데, 이 내용에 아주 잘 맞는 말이 아닐까 합니다. 우리가 시간의 흐름을 인지할 수 있는 것은 바로 세상의 모호함 덕분이기 때문이지요.

독자 여러분은 이해가 되시는지요? 아마도 아닐 것입니다. 아직 더 공부해야 할 것이 무척 많이 남았습니다. 이 문제를 해결하기 위한 실마리는 영국의 물리학자 스티븐 호킹(Stephen Hawking, 1942~)이 완성한 계산에서 얻을 수 있습니다. 스티븐 호킹은 건강에 심각한 문제가 있어 휠체어에 앉아 있어야만 하고 말도 제대로 못하는 상황에서 수준 높은 물리학 연구를 계속한 것으로 유명한 학자입니다.

스티븐 호킹은 양자역학을 이용해 블랙홀이 항상 '뜨거운' 상태라는 것을 증명했습니다. 블랙홀은 난로처럼 열을 방출합니다. 이것이 '뜨거운 우주'에 대한 최초의 믿을 만한 단서입니다. 우리가 하늘에서 볼 수 있는 블랙홀들은 열이 상당히 낮다고 추정되어 왔는데, 누가 직접 온도를 측정해 본 것도 아닌 데다 스티븐 호킹의 계산이 상당히 설득력이 있어서 수많은 방식으로 응용되며 널리 사실로 인정받고 있습니다.

이 블랙홀들의 열이 현재 중력의 특성을 지닌 블랙홀에서 양자 효과를 발생시키고 있습니다. 이 열이 개별적인 공간 양자이자 공간의 기본 입자, 즉 진동을 하면서 블랙홀 표면을 뜨겁게 만들어 블랙홀에 열을 발생시키는 '분자'인 것입니다. 그런데 이러한 현상은 통계역학과 일반상대성이론을 비롯한 열과 관련된 과학과도 관련이 있습니다. 만약 지금 우리가 양자중력에 관한 무엇인가를 알아내기 시작했다면, 세 개의 퍼즐 중 두 개를 맞춘 것과 다름없습니다. 설사 그렇다 해도 아직 우리는 그 세 번째 퍼즐, 이 세상에 대한 기본적인 세 가지 지식의 퍼즐을 완성시켜줄 이론을 손에 넣지 못했고, 그 때문에 이러한 현상이 일어나는 이유를 파악하지 못하고 있습니다.

블랙홀의 열은 세 가지 언어[양자, 중력, 열역학]로 쓰인 로제타스톤(Rosetta stone)입니다. 이 비석은 현재 누군가가 자신의 암호를 풀어 정말 시간의 흐름이 무엇인지 말해줄 날을 기다리고 있습니다.

"우리가 탐험한 이 화려하고 놀라운 세상, 공간이 하나하나 떨어져 있고, 시간이 존재하지 않으며 사물이 어떤 공간에 있지 않을 수도 있는 이 세상은 우리와 멀리 떨어져 있지 않습니다. 타고난 우리의 호기심이 보여주는 모든 것이 우리의 집, 우리의 자연입니다. 우리 존재도 자연에서 일어나는 일들을 통해 만들어졌습니다. 우리도 다른 사물들과 똑같이 별 가루로 만들어졌고, 고통 속에 있을 때나 웃을 때나 환희에 차 있을 때나 존재할 수밖에 없는 존재로서 존재할 뿐입니다."

마지막 강의

우리,
인간이라는 존재

지금까지 공간이라는 심오한 구조부터 우리가 알고 있는 범위 안에서의 우주 저 끝까지, 참 멀리까지 살펴봤습니다. 그러나 이 강의를 모두 끝내기 전에 다시 돌아와 우리 자신을 돌아봤으면 합니다.

느끼고 판단하고 울고 웃는 존재로서 인간인 우리는 현대 물리학이 제공하는 세상이라는 이 거대한 벽화 속에서 어떤 위치에 놓여 있을까요? 세상이 하루살이처럼 금방 사라지는 공간 양자와 물질 양자의 무리이자 공간과 기본 입자를 끼워 맞추는 거대한 퍼즐 게임이라면 우리는 무엇일까요? 우리 역시 그저 양자와 입자로만 만들어졌을까요? 그렇다면 각자 개별적으로 존재하고 스스로를 나 자신이라 느끼는 이유는 무엇일까요? 우리의 가치, 우리의 꿈, 우리의 감정, 우리의 지식은 또 무엇이란 말인가요? 이 거대하고 찬란한 세상에서 우리는 대체 무엇일까요?

몇 장 안 되는 지면에서 이 질문에 대한 진정한 답을 쓴다는 것은 상상도 할 수 없는 일입니다. 정말 어려운 질문입니다. 현대 과학이라는 거대한 그림 속에는 우리가 이해하지 못하는 것들이 무척 많습니다. 우리가 제대로 알지 못하는 그 많은 것 중에는 우리 자신도 포함돼 있습니다. 그러나 대답하기 싫은 척하면서 이런 질문을 회피하면 꼭 필요한 무엇인가를 간과하게 될 것입니다. 나는 이 책에서 세상이 과학적 관점에서 어떻게 보이는지 설명하고자 했고, 그 세상 속에는 우리도 존재하고 있습니다.

인간 존재인 '우리'는 일단 이 세상을 바라보는 주체이고,

이제까지 내가 기록한 현실이라는 사진의 공동 작가입니다. 우리는 이 책의 한 부분을 차지하는 한 조각으로, 하나의 거대한 교환 네트워크에서 이미지와 수단, 정보, 지식을 전달하는 매듭 역할을 합니다. 그러나 우리는 세상 밖의 관찰자가 아니므로, 우리 눈앞에 보이는 것이 이 세상의 전부이기도 합니다. 우리는 세상 속에 있습니다. 이 세상을 보는 우리의 관점은 세상 안에 있습니다. 우리도 산 위의 소나무나 은하 속의 별들이 교환하는 것과 똑같은 원자와 광신호로 이루어져 있습니다.

우리의 지식이 조금씩 성장하면서 우리의 존재와 우주의 극히 일부에 대한 사실들이 점점 더 많이 알려지고 있습니다. 수세기를 지나오면서 이미 많은 것을 배웠지만, 특히 지난 20세기에는 더 많은 발견이 있었습니다. 한때는 우리가 우주의 중심인 지구에 살고 있다고 생각했지만 사실 그렇지 않았습니다. 인간이 동물이나 식물 계통과는 별개의 종류라고 생각했지만, 우리도 우리 주변에 있는 다른 모든 생명체와 똑같은 조상으로부터 계승된 존재라는 사실을 알게 됐습니다. 우리는 나비와 낙엽송 같은 동식물과 조상이 같습니다. 현재 우리 모습은 어릴 때 세상이 자신만을 위해 돌아간다고 생각했다가 성장해서야 그렇지 않다는 것을 깨달은 외동아이와 똑같습니다. 귀하게 자란 외동아이일지라도 결국엔 자신이 다른 사람들과 똑같다는 사실을 받아들여야 합니다. 우리도 다른 사람과 사물을 통해 우리 스스로를 비춰보면서 우리가 누구인지 깨달아야 합니다.

프리드리히 셸링(Friedrich Wilhelm Joseph von Schelling, 1775~1854)은 독일의 관념론을 통해 인간이 자연의 최고봉이라는 생각을 갖게 되었습니다. 이 최고봉에서는 현실이 지식 그 자체가 되는데, 인간이 바로 이 최고봉을 상징하는 존재라는 것입니다. 세상에 대한 지금 우리의 지식으로는 웃지 않을 수 없는 생각입니다. 누구나 스스로가 특별하고 모든 어머니에게 자기 자식은 특별하므로, 우리도 특별하다면 특별합니다. 그러나 우리 이외의 자연에게는 그리 특별하지 않습니다. 거대한 은하와 별들의 바다에서 우리는 한없이 작고 보잘것없는 존재입니다. 현실을 구성하는 무수한 형태의 변화들 사이에서 우리는 수많은 물결무늬 중 하나일 뿐입니다.

우리가 만든 우주의 이미지들은 우리 안에, 우리 사고의 공간 속에서 존재합니다. 이러한 이미지[우리가 가진 한정된 수단을 동원해 재구성해서 파악한 모습들]와 우리가 실재하는 현실 사이에는 우리의 무지를 비롯해 감각과 지식 그리고 특별한 주체로서의 특성을 경험하게 하는 조건 자체 등 헤아릴 수 없이 많은 여과 장치가 존재합니다. 그러나 이러한 조건들은 칸트가 상상한 것처럼 보편적이지 않았고, 나중에는 유클리드 공간의 특성과 뉴턴의 역학까지 정말 실재하는 것처럼 추론되는 등 눈에 띄게 왜곡됐습니다. 이것은 우리 인류의 정신적 진화의 이면이며, 이러한 이면 또한 계속 진화 중입니다. 우리는 학습만 하는 것이 아니라 학습해서 얻은 지식들을 바탕으로 우리의 개념 구조를 조금씩 바꾸는 법과 그에 적응하는 법도 익히고 있는 것입니다. 그리고 비록 속도가 느리고 정확한 배경도 없지만 우리가 속해 있는 현실 세계에 대해 알아내는 법을 배우고 있는 것이지요. 우리가 만든 세상의 이미지들은 우리 안에, 우리가 갖고 있는 사고의 공간 속에 살고 있으며, 이 이미지들이 우리가 속한 현실 세계를 어느 정도는 설명해줍니다. 그래서 이 세상을 조금 더 잘 설명하기 위해 그 이미지들의 흔적을 따라가보는 것입니다.

"거대한 은하와 별들의 바다에서 우리는 한없이 작고 보잘것없는 존재입니다. 현실을 구성하는 무수한 형태의 변화 사이에서 우리는 그저 수많은 물결무늬 중 하나에 불과합니다."

지금 우리가 하고 있는 빅뱅이나 공간의 구조에 대한 이야기는 사람들이 저녁 무렵 모닥불 주위에 모여 수백, 수천 번 반복하던 자유롭고 환상적인 이야기의 연속이 아닙니다. 이 이야기는 무언가 다른 것의 연속입니다. 그 무엇은 바로 새벽의 첫 햇살을 받으며 사바나의 먼지 속에서 영양의 흔적을 찾는 [우리 눈으로 직접 볼 수는 없지만 찾을 수 있는 흔적을 추론해보기 위해 현실을 면밀하게 검토하는] 것입니다. 우리 인간의 시선일 것입니다. 우리는 인간이 언제라도 실수할 수 있기에 새로운 흔적이 나타나면 생각을 바꿀 준비를 해야 한다는 것을 알지만, 한편으로 인간이 현명하다면 이를 제대로 이해하고 새로운 답을 찾을 거라는 사실도 알고 있습니다. 이것이 과학입니다.

이야기를 창작하는 일과 무언가를 찾기 위해 흔적을 좇는 일, 이러한 인간의 두 가지 활동에 따른 혼란은 현대 문화의 일부인 과학에 대한 오해와 불신에서 비롯됩니다. 사실 이 두 가지는 잘 구분이 되지 않습니다. 새벽에 사냥한 영양은 저녁에 사람들과 나누는 이야기에 등장하는 영양의 신과 그리 다르지 않습니다. 두 가지의 경계가 상당히 희미하지요. 신화는 과학의 도움을 받고 과학은 신화의 도움을 받습니다. 그런데 신화든 과학이든 지식을 습득하게끔 한다는 데 가치가 있습니다. 예를 들어 이 두 가지를 접한 이후부터는 우리가 영양을 발견했을 때, 그것을 잡아먹을 수 있는 것이지요.

그러니까 우리의 지식에는 세상이 반영됩니다. 그뿐이 아닙니다. 우리가 사는 세상을 재조명하기도 합니다.

우리와 세상의 커뮤니케이션은 우리와 자연의 나머지 부분을 구분하는 행위가 아닙니다. 세상의 사물들은 꾸준히 서로 상호작용을 하고, 그 과정에서 상호작용을 함께한 다른 사물들의 상태를 알고 흔적을 얻습니다. 이러한 의미에서 볼 때 사물은 서로의 정보를 지속적으로 교환합니다.

하나의 물리 체계가 갖고 있는 다른 체계에 대한 정보는 전혀 의식적이거나 주관적이지 않습니다. 물리학은 그저 어떤 무엇인가의 상태와 다른 무엇인가의 상태의 관계를 규정하는 조건일 뿐입니다. 비 한 방울에는 하늘에 구름이 있다는 정보가 담겨 있고, 한 줄기 빛에는 그 빛이 나온 물질의 색상에 대한 정보가 들어 있습니다. 시계에는 하루의 시간에 대한 정보가, 바람에는 근처 지역의 천둥 번개에 대한 정보가, 감기 바이러스에는 우리 코의 취약성에 대한 정보가 있습니다. 우리의 DNA에는 우리가 아버지를 닮게 만든 유

"물리학은 의식적이거나 주관적이지 않습니다. 그저 어떤 무엇인가의 상태와 다른 무엇인가의 상태의 관계를 규정하는 조건일 뿐입니다."

전자 코드에 대한 모든 정보가 포함돼 있고, 우리 뇌에는 우리가 경험을 하는 동안 쌓은 정보들이 무리를 이루고 있습니다. 우리를 생각하게 만드는 첫 번째 것은 이제까지 수집하고 교환하고 축적하고 꾸준히 연구해온 풍부한 정보입니다.

심지어 우리 집 난방 설비의 온도계도 집 안의 온도를 '느끼고' '인식'해서, 즉 우리 집의 온도에 대한 정보를 입수해서 실내가 충분히 따뜻하면 난방기를 끕니다. 그렇다면 온도계와, 더위를 '느끼고' 덥다는 것을 '알아서' 난방기를 켤지, 안 켤지 자유롭게 결정하고 존재하는 법을 아는 나 사이에는 어떤 차이점이 있을까요? 어떻게 우리 자신과 우리의 생각은 이 자연에서 지속적인 정보 교류를 할 수 있는 걸까요?

이 문제는 활짝 열려 있어서, 현재 토론되고 있는 해답이 무척 많기도 하고 재미있기도 합니다. 내 생각에 이 문제는 이제 곧 최고로 진보적인 수준에 도달할 과학계의 가장 흥미로운 경계선에 있습니다. 현재 우리는 새로운 실험 도구 덕분에 활동 중인 뇌의 움직임을 관찰하고 아주 복잡한 뇌의 구조도 최첨단 정밀 기계를 이용해 지도화할 수 있게 됐습니다. 실제로 2014년에는 최초로 포유류의 미세한(mesoscopic)• 뇌 구조를 완벽하게 지도로 나타냈다는 소식이 전해졌습니다. 뇌 구조의 수학적 형태에 대한 정확한 개념은 의식에 대한 주관적 느낌에 대응하는 것이라 철학자뿐 아니라 신경과학자들까지 논쟁에 참여하고 있습니다.

여러 훌륭한 이론들 중에 미국에서 활동하고 있는 이탈리아 출신의 명석한 과학자 줄리오 토노니(Giulio Tononi)가 개발한 이론도 있습니다. 이 이론의 이름은 '통합 정보 이론'인데, 여기에는 하나의 체계를 갖추어야만 의식적인 상

• 메조스코픽. 인간의 감각으로 식별할 수 있는 거시계(macroscopic)인 대상과 원자나 분자와 같은 미시계(microscopic)인 대상의 중간 크기를 갖는 대상을 일컫는 물리학 용어. 중시계라고 표현되기도 함.

태가 되는 뇌 구조를 양자학적 방식으로 특성화하려는 노력이 담겨 있습니다. 양자학적 방식이란, 좀 더 쉽게 말하자면 우리가 깨어 있을 때[의식]와, 꿈을 꾸지는 않지만 잠들어 있을 때[무의식]의 확실한 물리학적 변화를 특성화하는 방식입니다. 이 또한 해볼 만한 시도임이 분명하지요. 우리는 아직까지 인간의 의식이 어떻게 형성되는지에 대한 설득력 있고 공감되는 답을 찾지 못했습니다. 그러나 내가 보기에는 안개가 걷히기 시작하기는 했습니다.

우리 스스로에 관한 의문 중에서 종종 우리를 당황하게 만드는 질문이 나오기도 합니다. 예를 들어 인간의 행동이 자연의 법칙을 따르는 것뿐이라면, 우리가 자유롭게 결정을 내리는 것이 어떤 의미를 갖는지에 대한 의문입니다. 우리의 자율성과, 세상에서 벌어지는 모든 일을 통제하는 자연법칙의 엄격성 사이에는 아무런 모순이 없는 걸까요? 혹시 우리의 내면에 자연의 규칙성을 왜곡하여 밀어내고, 그 자리를 자유로운 생각으로 대체하도록 만드는 무언가가 있는 걸까요?

아닙니다. 우리가 자연의 규칙에서 벗어나도록 만드는 것은 아무것도 없습니다. 우리의 내면에 자연의 규칙성을 위반하는 무엇인가 있다면, 이미 오래전에 알아냈을 것입니다. 우리에게 사물의 자연스러운 행동 양식을 침범하게 만드는 것은 아무것도 없습니다. 물리학에서 화학, 생물학에서 신경과학에 이르기까지 모든 현대 과학 분야에서는 아직 집중적으로 관찰만 하고 있습니다.

혼란에 대한 해결책이 또 한 가지 있습니다. 예를 들어 우리는 우리가 자유롭다고 말할 때 정말 자유로울 수 있습니다. 이것은 우리의 행동들이 우리 스스로의 내면과 뇌가 제한하는 명령을 통해 이루어지고 외부의 그 무엇인가에 의해 강요받지는 않는다는 것을 의미합니다. 자유롭다는 것이 우리의 행동이 자연의 법칙에 의해 제한되지 않음을 의미하지는 않습니다. 자유롭다는 것은 우리 뇌 안에서 작용하는 자연의 법칙에 의해 제한되는 것을 의미합니다. 자유로운 결정은 우리 뇌에 있는 수십억 개의 신경세포들 사이에서 활

"우리가 자유롭게 생각하고, 행동하는 것 가운데 자연의 규칙에서 벗어나는 것은 아무것도 없습니다. 자유롭다는 것조차 우리 뇌 안에서 작용하는 자연의 법칙에 의해 제한되는 것을 의미합니다."

발하게 일어나는 상호작용의 결과에 의해 이루어집니다. 즉, 신경세포들의 상호작용이 우리의 판단을 정의할 때 우리의 자유로운 결정이 이루어지는 것입니다.

그렇다면 내가 결정을 할 때 결정을 하는 주체가 '내'가 되는 걸까요? 그렇습니다. 만약 '내'가 내 신경세포들의 총체가 결정하는 것과 다른 무엇인가를 할 수 있는지 의문을 품는다면 그건 터무니없이 어리석은 일입니다. 17세기 네덜란드의 철학자 바뤼흐 스피노자(Baruch Spinoza, 1632~1677)는 '나'와 '나의 뇌 속의 신경세포'는 별개가 아니라 같은 것이라고 주장합니다. 한 개인은 수많은 것이 복합되어 있지만 매우 엄격하게 통합된 하나의 프로세스와 같기 때문입니다.

흔히 인간의 행동은 예측할 수 없다고 하는데, 이것은 사실입니다. 인간을 미리 예측하기에는, 특히 우리 스스로 예측하기에는 너무 복잡한 존재이기 때문이지요. 스피노자가 예리하게 지적한 것처럼, 우리는 우리 스스로 가지고 있는 생각과 이미지가 우리의 내면에서 감당할 수 있는 것보다 극단적으로 더 거칠어지고 퇴색했을 때 내면적인 자유를 강하게 느낍니다. 우리는 우리 스스로에게 놀라움의 원천입니다. 우리의 뇌 속에는 은하계 하나를 채울 만큼의 숫자인 천억 개의 신경세포가 들어 있습니다. 이 신경세포들이 이룰 수 있는 관계나 조합을 생각하면 훨씬 더 천문학적인 수가 됩니다. 그러나 우리는 그 모든 것을 알지는 못합니다. '우리'는 우리가 아는 얼마 되지 않는 세포들이 아닌, 모든 세포의 총체로 만들어진 하나의 프로세스라는 것만 알 수 있습니다.

결정을 내리는 '나'는 세상 속에서 스스로를 비춰보고 스스로를 대변하며, 스스로 변화무쌍한 관점에 따라 정보를 관리하고 표현 방식을 구축하는, 즉 뇌의 구조를 구축하는 존재임을 스스로 인식함으로써 형성되는 [아직 모든 것이 확실히 분명하지는 않지만 윤곽이 드러나기 시작하는 방식으로 형성되는] '나' 자신입니다.

결정을 하는 것이 '바로 나'라는 느낌을 받을 때가 가장 바람직합니다. 내가 아니면 누가 결정을 할 수 있을까요? 스피노자가 주장한 것처럼 나는 곧 내 몸이며, 나의 뇌와 마음속에서는 나 자신도 헤아릴 수 없는 끝없는 복합성을 바탕으로 한 일들이 일어납니다.

이 책에서 내가 이야기한 세상의 과학적 이미지는 우리 자신에 대해 우리가 느끼는 것과 모순되지 않습니다. 우리의 윤리적, 심리적 차원에서의 사고나 감정, 느낌과도 상반되지 않습니다. 세상은 복잡하고, 우리는 세상을 구성하는 다양한 프로세스에 적합한 다양한 언어를 이용해 세상을 가둡니다. 각각의 프로세스마다 서로 다른 수준의 다양한 언어가 사용되곤 하지요. 다양한 언어들이 서로 교차되고 얽히고 서로를 풍요롭게 하며, 프로세스 자체도 마찬가지로 그러합니다. 우리의 심리학 연구는 우리 뇌에서 일어나는 생

화학 작용을 이해하면서 정교해지고 있습니다. 한편 이론 물리학 연구는 우리 삶을 이끄는 정열과 의욕을 바탕으로 성장하고 있습니다.

우리의 윤리적 가치와 열정, 사랑이 자연의 일부이거나 동물의 세계와 공유되고 있기 때문에, 혹은 수백만 년간의 인류의 진화에서 제한이 있다고 해서 진실하지 않은 것은 아닙니다. 실질적이기 때문에 오히려 더 진실합니다. 윤리와 열정, 사랑은 복합적인 현실이고, 우리는 이러한 것들로 이루어져 있습니다. 눈물과 웃음, 감사와 이타주의, 믿음과 배신, 우리를 번뇌하게 하는 과거와 평온함이 우리의 현실입니다. 우리의 현실은 우리가 함께 구축한 공통의 지식이 교차하는 풍요로운 연결망을 통해 만들어집니다. 이 모든 것이 지금 우리가 설명하고 있는 자연 그 자체의 일부입니다. 자연에서 우리는 통합된 부분이자, 헤아릴 수 없이 다양한 자연의 표현 방식 중 한 가지로 살아가는 자연의 일부입니다. 이러한 점이 우리에게 세상의 일들에 대한 지식을 쌓아야 한다고 가르칩니다.

"드넓은 우주 공간에서 고작 변두리 구석에 위치한 평범하기 짝이 없는 이런 은하에 무엇인가 특별한 것이 있을 것이라는 생각은 그저 어리석은 것입니다."

지극히 인간적이라고 해서 우리가 자연과 구분되는 것은 아닙니다. 이 또한 우리의 자연이기 때문이지요. 자연은 여기, 우리 지구에서 자신의 일부들과 상관관계를 맺어 서로 영향을 끼치고 정보를 교류하면서 끝없이 조합하는 방식으로 존재합니다. 이외에 어떻게, 얼마나 많은 독특한 복합성을 지녔는지는 모르지만, 아마 자연은 우리가 상상조차 할 수 없는 형태로 무한한 우주 공간에 존재하고 있을 것입니다. 저 위, 우주에 정말 드넓은 공간이 존재하는데, 변두리 구석에 위치한 평범하기 짝이 없는 이런 은하에 무엇인가 특별한 것이 있을 거라는 생각은 어리석은 것입니다. 지구에서의 삶은 그저 우주에서 일어날 수 있는 수많은 것 중에서 한 가지를 맛보는 일에 지나지 않습니다. 그러니 우리의 영혼은 다른 사람들의 영혼과 그리 다를 바 없는 것입니다.

우리는 호기심이 많은 종입니다. 원래 호기심이 많은 종['호모'류]은 최소 열두 종류 정도였는데 이 무리에서 현재까지 남은 종은 우리 인류뿐입니다. 우리와 같은 종에 속했던 다른 무리들은 이미 멸종했는데, 그중 네안데르탈인의 경우 그나마 최근까지 존재했다가 약 3만 년 전에 사라졌습니다. 아프리카에서 진화한 이 종의 어떤 무리는 권위적이고 호전적인 침팬지와, 또 다른 어떤 무리는 평온한 성격에 다른 동물과 잘 어울리고 평등한 것을 좋아하는 작은 침팬지 보노보와 비슷했습니다. 이 종의 또 다른 한 무리 역시 아프리카에서 서식하다가 새로운 세상을 탐험하러 나와 머나먼 파타고니아(Patagonia, 남아메리카 대륙의 남쪽 끝)를 비롯해 달에까지 발을 디뎠습니다. 우리의 호기심은 자연에 반하는 것이 아닙니다. 오히려 자연을 향한 것이지요.

십만 년 전, 우리 종은 바로 이런 호기심 때문이었는지 아프리카를 떠나 점점 더 먼 곳을 구경하며 학습하기 시작했습니다. 나는 아프리카의 밤하늘을 비행하다가 문득 이런 생각이 들었습니다. 우리의 먼 조상 중 누군가 잠자리를 박차고 일어나 탁 트인 북쪽을 향해 걷다가 하늘을 바라보면서 이렇게 상상했을지 모릅니다. 먼 후손 중 누군가가 자신과 똑같은 호기심에 이끌려 하늘을 날아다니며 자연을 살필 수도 있으리라고 말이지요.

내 생각에 우리 종도 그리 오래 버티지는 못할 것 같습니다. 우리에게는 거북이처럼 자신과 유사한 종을 수천, 수백만 년 동안, 인류 역사의 수백 배에 이르는 시간 동안 존재하게 할 만한 능력이 없는 것 같습니다. 우리는 수명이 짧은 종에 속합니다. 우리의 사촌뻘 되는 종은 이미 모두 멸종했습니다. 게다가 우리는 스스로 위험을 자초하기까지 하고 있지요. 우리가 변화의 도화선에 불을 붙인 결과 기후와 환경은 처참한 지경에 이르렀고, 이는 쉽게 회복되지 않을 것입니다. 어쩌면 지구에게는 별일 아닌 작은 에피소드일 수 있지만, 우리 인간은 아무 피해 없이 지나갈 수 없을 것입니다. 게다가 언론과 정치계는 우리 곁을 도사리고 있는 위험 요소들을 무시하고 묻어버리려 합니다. 아마 지구상에서 개인의 죽음이 불가피하다는 것을 자각하고 있는 종은 우리 인간뿐일 것입니다. 나는 조만간 우리가 만든 문명이 끝나기도 전에 우리 역시 진정으로 멸종에 이르는 모습을 의식적으로 깨달아야 하는 종이 될까 봐 두렵습니다.

우리는, 우리 개인의 죽음에 어떻게 대처해야 하는지 잘 알고 있으니 우리 문명의 몰락에도 그렇게 대처할 것입니다. 인간의 죽음이나 문명의 붕괴나 크게 다를 바 없지요. 그러나 최초의 문명이 몰락할 때와 똑같지는 않을 것입니다. 마야 문명이나 크레타 문명은 이미 과거 속에 묻혔습니다. 별이 탄생했다가 죽는 것처럼 우리도 태어났다가 죽습니다. 개인적인 죽음일 수도 있고 집단적인 죽음을 맞이할 수도 있습니다. 이것이 우리의 현실입니다. 수명이 짧은 우리 인간에게 생명은 소중합니다. 그 이유는 고대 로마의 시인이자 철학자 루크레티우스(Lucretius Carus, B.C. 96~55)가 쓴 다음의 글에서 찾을 수 있습니다.

삶에 대한 우리의 식욕은 왕성하고, 삶에 대한 우리의 갈증도 만족할 줄을 모른다.

《만물의 본성에 관하여(*De rerum natura*)》, (III, 1084)

그러나 우리를 만들고 이끌어온 이 자연 속에 있는 동안, 우리가 자연과 문명, 이 두 세상에 양다리를 걸쳐놓고도 또 다른 무엇인가를 얻으려 자연에서 멀어진대도 자연은 우리를 버리지는 않을 것입니다. 자연은 언제나 우리를 기다려줄 겁니다. 자연이 있으면 우리는 집에 있는 것입니다.

자연은 우리의 집이며, 자연 속에 있으면 집에 있는 것과 같습니다. 우리가 탐험한 이 화려하고 놀라운 세상, 공간이 하나하나 떨어져 있고, 시간이 존재하지 않으며, 사물이 어떤 공간에 있지 않을 수도 있는 이 세상은 우리와 멀리 떨어져 있지 않습니다. 타고난 우리의 호기심이 보여주는 모든 것이 우리의 집, 우리의 자연입니다. 우리 존재도 자연에서 일어나는 일들을 통해 만들어졌습니다. 우리는 다른 사물들과 똑같이 별 가루로 만들어졌고, 고통 속에 있을 때나 웃을 때나 환희에 차 있을 때나 존재할 수밖에 없는 존재로서 존재할 뿐입니다. 우리는 이 세상의 일부이기 때문이지요. 루크레티우스는 이것을 다음과 같이 멋지게 표현했습니다.

> … 우리는 모두 천상의 씨앗으로부터 태어났다.
> 우리 모두의 아버지가 같고
> 그로부터 우리에게 양식을 공급하는 어머니, 땅이
> 맑은 빗방울을 받아
> 빛나는 밀과
> 무성한 나무와
> 인류와
> 맹수 종족을 생산해
> 음식을 제공하고, 그 음식으로 모두의 몸을 성장시켜
> 달콤한 삶을 꾸리고
> 자손을 낳고…
> 《만물의 본성에 관하여》, (II, 991-997)

우리는 항상 사랑을 하는 정직한 존재입니다. 또한 우리는 천성적으로 더 많은 것을 알고 싶어 합니다. 그래서 계속 배웁니다. 세상에 대한 우리의 지식은 계속 성장합니다. 우리가 배울 수 있는 것은 한계가 있지만 우리는 알고자 하는 욕망을 불태웁니다. 지식은 아주 작은 공간의 심오한 구조 속에, 시간의 특성 속에, 블랙홀의 운명 속에, 그리고 우리 생각의 기능 속에 있습니다.

여기, 우리가 알고 있는 한계의 끝부분, 즉 우리가 모르는 바다와 맞닿아 있는 이곳에서 세상의 신비와 아름다움이 반짝이는 빛을 뿜어 우리를 숨죽이게 합니다.

감수의 글

이 책의 저자 카를로 로벨리(Carlo Rovelli)는 이탈리아 태생의 저명한 물리학자이다. 그는 양자이론과 중력이론을 결합하여 '루프양자중력'이라는 새로운 개념을 만들어 블랙홀의 본질을 새롭게 규명한 우주론의 대가이다.

현대 물리학은 21세기에 들어와 우주를 향하고 있다. 특히 그동안 물리학의 어떤 법칙도 적용될 수 없을 것 같았던 신비한 블랙홀에 관심이 쏠리고 있다. 아인슈타인은 20세기 초에 일반상대성이론을 주장하면서 우주의 별들이 결국에는 수축되어 블랙홀이 되거나 아니면 블랙홀에 빨려 들어가면서 붕괴될 수 있음을 매우 안타까워했다. 어쩌면 그것이 우주의 종말이 될지도 모른다고 생각했기 때문이다. 이후 많은 물리학자들은 모든 물질과 정보를 빨아들이는 블랙홀로부터 다시 활기찬 우주를 되찾을 가능성에 대해 연구하기 시작했다. 일반상대성이론에 머물지 않고 이를 양자이론과 통합한 새로운 시각에서 블랙홀을 연구하기 시작한 것이다. 스티븐 호킹이 포문을 열고, 카를로 로벨리를 포함한 수많은 우주론 물리학자들이 이 대열에 합류하면서, 최근까지도 이에 관한 열띤 논쟁이 벌어지고 있다.

이 책은 바로 현대 물리학의 이러한 흐름을 담아내고 있다. 이는 이 책의 중요한 특징이다. 구체적으로 말하면 이 책은 총 일곱 개의 강의로 구성돼 있는데, 각 이야기별로 20세기 물리학의 혁명을 일으킨 핵심 이론들뿐 아니라 가장 최근에 도입된 참신한 아이디어들까지 매우 간결하게 소개하면서도, 전체적으로 우주에 대한 새로운 이해에 도달하도록 하고 있다. 여러 가지 이론들의 단순한 나열이 아니라, 정반합의 변증법적인 변화 과정처럼 우주에 관한 새로운 그림을 향해 어떤 이론들이 탄생하고 상호 영향을 주고받아 변화하며, 결국 결합하여 새로운 이론이나 아이디어로 나아가는지 보여주고 있다.

가령 첫 번째와 두 번째 강의는 각각 20세기 현대 물리학의 새로운 기틀을 제공한 일반상대성이론과 양자역학에 관한 이야기로, 우리의 일상적인 생각과는 전혀 다른 시간과 공간 그리고 물질에 대한 새로운 개념을 제시하고 있다. 한편 세 번째 강의는 첫 번째의 일반상대성이론이 적용된 우주의 구조를, 네 번째 강의는 두 번째의 양자이론을 바탕으로 한 물질의 구조를 설명하고 있다. 그리고 뒤이어 다섯 번째 강의는 일반상대성이론과 양자역학을 결합한 새로운 양자중력의 관점에서 지금까지 이해 자체가 어려웠던 블랙홀을 새롭게 설명하고 있으며, 여섯 번째 강의는 한발 더 나아가 양자중력 관점에 통계적인 관점을 결합하여 더욱 종합적으로 블랙홀을 이해할 수 있도록 하고 있다. 한마디로 논의가 최근의 이론과 아이디어를 향해 진화하고 있음을 알 수 있다.

한편 이 책은 또 다른 매력적인 장점을 갖고 있다. 바로 현대 물리학을 거의 모르거나 아예 모르는 사람도 이해할 수 있도록, 수식 없이 전문적인 용어 사용을 극히 절제하면서 일상생활에서 쉽게 접근할 수 있는 것에 대한 비유를 통해 아주 쉽게 설명하고 있다는 점이다. 가령 일반상대성이론에서 우주에서의 중력장이 시간과 공간을 바다의 파도처럼 휘게 변화시킨다거나, 양자역학에서 말하는 입자들이 생성됐다 사라지는 불안정한 미시 세계를, 멀리서 보면 아주 잔잔한 바다이지만 가까이서 보면 파도가 쉴 틈 없이 쳤다가 사라지는 변화에 비유한다. 또한 공간 양자를 언급하면서 양자들 간에 발생하는 사건들이 곧 이 세상 공간이고 그 자체가 시간의 원천이라 비유한다거나, 블랙홀의 열이 세 가지 언어(양자, 중력, 열역학)로 쓰인 로제타스톤과 같아 그 정체를 알려면 미래의 암호 풀기를 기다려야 한다는 식의 설명은 전문가들조차 이해가 어려운 내용들을 일상 언어로 쉽게 풀어주고 있는 것이다.

마지막으로 이 책은 21세기 과학기술 문명을 사는 우리들에게 의미 있는 문제의식을 던져주고 있다. 일곱 번째 마지막 강의에서 그 자신이 던진 질문들이 이를 말해준다. "느끼고 판단하고, 울고 웃는 인간 존재인 우리는 현대 물리학이 제공하는 세상이라는 이 거대한 벽화 속에서 어떤 위치에 놓여 있을까요? (중략) 우리 역시 그저 양자와 입자로만 만들어졌을까요? 그렇다면 각자 개별적으로 존재하고 스스로를 나 자신이라 느끼는 이유는 무엇일까요? 우리의 가치, 우리의 꿈, 우리의 감정, 우리의 지식은 또 무엇이란 말인가요? 이 거대하고 찬란한 세상에서 우리는 대체 무엇일까요?" 우주론을 탐구해온 저명한 과학자의 인간에 대한 고뇌를 엿볼 수 있다.

이 책은 이탈리아에서 2014년 10월에 발간된 이래 30만 부 이상이 팔려나갔으며, 과학책으로는 드물게 이탈리아 아마존 종합 1위에 오른 베스트셀러이다. 우연의 일치일까. 그 비슷한 시점에 영화 '인터스텔라'가 만들어져 수많은 사람들을 우주에 관심을 갖도록 한 것이 아마도 우연은 아닌 듯싶다. 우주에 대한 인간의 호기심은 수천 년 이어져 왔지만,

요즘처럼 과학적으로 신빙성 있는 이야기들이 폭넓게 인구에 회자한 적은 없었으니까. 그런 의미에서 이 책은 현대 물리학을 모르는 사람들을 위한 간결하면서도 의미 있는 우주 탐색의 좋은 길잡이가 될 것이라 확신한다.

이중원(서울시립대 교수·과학철학)